未名·观点丛书

历史·交流·反应

——接受美学的理论

王丽丽 著

北京大学出版社

图书在版编目(CIP)数据

历史·交流·反应:接受美学的理论递嬗/王丽丽著.—北京:北京大学出版社,2014.3

(未名·观点丛书)

ISBN 978-7-301-24093-9

Ⅰ.①历… Ⅱ.①王… Ⅲ.①接受美学-研究 Ⅳ.①B83-069

中国版本图书馆CIP数据核字(2014)第065328号

书　　　名:历史·交流·反应——接受美学的理论递嬗

著作责任者:王丽丽　著

责 任 编 辑:魏冬峰

标 准 书 号:ISBN 978-7-301-24093-9/I·2740

出 版 发 行:北京大学出版社

地　　　址:北京市海淀区成府路205号　100871

网　　　址:http://www.pup.cn

新 浪 微 博:@北京大学出版社

电 子 信 箱:zpup@pup.cn

电　　　话:邮购部62752015　发行部62750672　编辑部62750673

出版部62754962

印　刷　者:三河市博文印刷有限公司

经　销　者:新华书店

965毫米×1300毫米　16开本　14.5印张　223千字

2014年3月第1版　2014年3月第1次印刷

定　　　价:32.00元

目　录

上　编

下　编

上　　编

文学史:一个尚未完成的课题
——姚斯的文学史哲学重估

德国文论家冈特·格里姆(Gunter Grimm)在《接受学研究概论》一文中这样概括走向接受美学之路:“倘若一条道路是通过对读者产生的效果而从文学社会学到接受学研究的,那么另一条道路则是通过解释学,在文学学领域里则专指通过对艺术作品的理解(确切说是解释),而到接受学研究。”“通向接受学研究的第三条道路开始自文学史。”①这是着眼于接受美学研究的全局而得出的高屋建瓴之论,但以之观照接受美学的第一理论巨擘——姚斯(Hans Robert Jauss)一人的研究,也殊为妥切。总的来说,姚斯首先是被直接面对的文学史危机所逼迫,开始尝试建立一种新的文学史哲学的。在此当中,他吸取了哲学解释学的精髓,获得了重要的理论裨益,而具有浓郁哲学解释学色彩的文学史哲学又先天内在地包含了一种对文学与社会历史关系的独特洞见。可以说,姚斯当年就是从这三条路的交汇处出发远征的。

时至今日,这场远征的直接战果——接受美学的精神与新的文学史哲学原则已经深入人心,而当年这些成果作为一场范式革命所引起的轰动与狂热却已经平息了。历史又为我们提供了另一个机遇。重新审视文学史哲学创建的艰辛之路,克服伴随着轰动与狂热而产生的浮躁以及理论接受和理解的粗疏与浅陋,正确认识文学史哲学的成功与不足,又成了理所当然之事。

---

① 〔德〕冈特·格里姆:《接受学研究概论》,见刘小枫选编:《接受美学译文集》,北京:三联书店 1989 年版,第 85—86 页。

一、文学史研究的新纪元

在姚斯看来,文学史研究发展到他的时代,已经失去了19世纪那繁荣鼎盛的气势,无可辩驳地衰落了。但即使是"鼎盛"时期的文学史研究模式,也难以称得上严格意义上的文学史学。文学史的史前史不外乎客观主义与主观主义两种模式。较原始的客观主义文学史仅仅将作家作品按年代编排,随着作家作品的名单与日俱增,这种文学史很快就会因为无法让人综览而完全失效;实证主义文学史也是客观主义的一种,它从一部作品开始上溯,探本清源直至原始时代的胡乱涂抹,仅仅借用实用历史的总的内聚力才得以勉强维系作品之间的历史真空;历史主义史学家是以客观性为骄傲的,他们认为每一个时代都有自己的历史真实,史家的任务是设身处地地复制这种真实,但两个封闭的时代之间如何得以延续呢?客观主义的共同特征是,对文学的美学价值无法加以评论。主观主义模式较为简单,它预先假定一个超时间的完美理想,这一理想贯穿于历史的全程,文学的历史显示因而分解演绎成不同的过程,在某一阶段达到巅峰后走向衰落,直至某个臆想的末日。这种文学史模式造成了19世纪文学史的繁荣,其超时间的完美理想分别表现为绝对理念、时代主潮和民族精神,等等。文学史史前史的客观手法复原于今没有联系的东西,主观手法则因表达某种臆定的目标之故而赝制过去,它们一旦与文学史悖论相遇,便纷纷露出了各自历史观的无力与虚假。

马克思在《〈政治经济学批判〉导言》中有一段关于希腊艺术的著名论述:"困难不在于理解希腊艺术和史诗同一定社会发展形式结合在一起。困难的是,它们何以仍然能够给我们以艺术享受,而且就某方面说还是一种规范和高不可及的范本。"这段论述成了向文学史悖论发出的一种"天问",亦即文学史悖论的另一种表达方式。它借希腊艺术这一特定的艺术样式,道出了困扰、迷惑着古往今来所有的文学史家的一个斯芬克斯之谜:文学如果是历史的一种表现样式,它何以拥有对时间利齿的贵族般的抵抗力?文学史如果要凸显文学艺术的审美本质,那历史意识又如何渗入纯粹美的象牙之塔?

姚斯决心要充当文学史的俄狄浦斯,以中兴文学史研究为己任,更加雄心勃勃地说,他要创建一种全新的、沟通文学史审美与历史两极的、真正意义上的文学史。仍然是面对艺术生产不平衡之谜,马克思主义美学家卡尔·科赛克(Karel Kosik)通过重新界定艺术的定义,作出了自己的解答:"只要作品产生影响,作品就活着。包括在一部作品的影响之内的是那些既在作品自身中也在作品的消费中所完成的东西。作品发生的情况表现了作品自己是什么。……作品是作品并且作为一部作品而存在的理由是,它要求解释并且在多种意义上发挥'作用'[影响]。"[①]科赛克的解答至少在以下几个方面给予姚斯重要的启示:文学作品的历史可以体现为作品的影响;影响既发生在作品的审美层次(作品自身中完成的东西),也发生在作品的消费层次,后者顺理成章地呼唤出消费的主体——读者;作品存在的理由即要求读者对作品作出解释,并经由读者的阅读解释发生作用。这样,历史被转化为影响,就与作品的审美极沟通起来了。姚斯认为这一沟通是由读者完成的,因为读者身上既具有审美特征,又体现了历史的含义:"其美学含义在于这样一个事实,即读者初次接受一部作品时会对照已读作品来检验它的美学价值。其明显的历史含义在于,第一个读者的理解将在一代一代的接受链条中被维持和丰富。"[②]科赛克的启示显露了文学史新纪元的曙光,它为姚斯的新文学史提供了一个绝妙的切入点——读者,规定了一个崭新的向度,即建立以读者接受为中心的影响史或效果史。正是在这一点上,伽达默尔(Hans-Georg Gadamer)的解释学与之不期而遇。

对于接受美学与解释学的亲缘密切关系,人们怎么说都不为过。效果史的理论灵感最初是从伽达默尔处汲取而来。效果史意识是伽达默尔针对古典解释学中客观主义的虚妄提出来的。古典解释学要求解释者克服自己所处时代的历史局限,客观地解释文本的原初意义。伽达默尔基于人类生存的历史性和有限性的基本事实,一针见血地指出,无论是解释者还是文本,都内在固有地镶嵌在历史当中。任何时代任何解释者所作的解释,都包

---

① 〔德〕汉斯·罗伯特·姚斯:《文学史作为向文论的挑战》,见胡经之、张首映主编:《西方二十世纪文论选》(第3卷,读者系统),北京:中国社会科学出版社1989年版,第147页。

② 同上书,第153页。

含着解释者个人的时代局限,体现着他的理解。因此,历史不是纯客观的,它是历史真实与理解真实的总和。伽达默尔的效果史虽然以讨伐客观主义开始,但以消融主客观的对峙告终。带着固有局限性的解释者对历史真实所作的理解,就是历史对他们产生的影响和效果。正视历史真实所携带的这种效果,就是效果史意识。效果史意识到了姚斯手中演变成了文学史原则。为了清晰地解释"效果"的成分,本文使用了"总和"、"携带"等解析性词汇,其实,历史真实与理解真实是不可离析的,历史的真实得以解释只有伴和着理解的真实才能实现。这正是姚斯获得启悟的地方:理解的真实只有活生生的理解者,具体到文学史即活生生的读者才能提供。"仅当作品的连续不仅是通过生产主体而且也是通过消费主体——即通过作者与读者的相互作用——来传递的时候,文学艺术才获得一个具有过程特性的历史。"①作品孤立的存在只是没有生命的文献存在,只有通过读者阅读,在读者身上产生影响,作品才获得历史生命。对于姚斯来说,读者还不仅仅使历史的理解成为可能,更重要的是,一代一代读者的阅读形成了接受和影响的链条,清晰地显示出文学史的进程。

这一文学史的进程是依靠读者期待视野的改变来展示的。"期待视野"是姚斯在卡尔·波普尔(Karl R. Popper)科学哲学概念的基础上,吸收海德格尔(Martin Heidergger)的"前理解"与伽达默尔"合法的偏见"的历史性与生产性提出的,指的是读者本身的期待系统可能会赋予作品的思维定向。期待视野由三部分内容组成:对于文类的先前理解,已经为人熟知的作品的形式和主题,以及诗的语言与实用语言的对立。期待视野是审美经验本身的一个要素,即使是对于一部先前未知的作品的初次文学经验,期待视野也必不可少。期待视野具有多种作用:确定文学作品的审美价值;描述读者的审美阅读经验;揭示文学的历史连续。它的作用过程是这样的:每一部作品都会唤起读者一定的期待视野,但这个视野与作品包含的视野存在着或大或小的距离,这就是读者与作品的审美距离,它在一定限度内,以近似正比的方式决定着作品审美价值的大小。读者在阅读作品的时候,初级期

---

① 〔德〕汉斯·罗伯特·姚斯:《文学史作为向文论的挑战》,见胡经之、张首映主编:《西方二十世纪文论选》(第3卷,读者系统),北京:中国社会科学出版社1989年版,第148页。

待视野连续转化成反思性二级视野和三级历史视野,标示出审美经验不断深化。第三级历史视野涉及过去读者期待视野的重建,这种视野的重建揭示出了作品以前的和现在的理解之间的诠释差异,展示了读者视野的改变和提高。作品与读者视野的不断矛盾斗争,就谱写了文学的效果史。它可以简化为这样的公式:新作品——打破读者旧视野——读者建立新视野——新视野普遍化,成为旧视野——又出现新作品……循环向前。

期待视野的改变不是新视野单纯征服旧视野的过程。在解释学看来,理解是文本与解释者实现的问与答的交流。解释者的中心任务是发现文本提出的有待解答的问题,理解文本就是理解它的问题,同时,文本在向我们提问的时候,我们的"偏见"也已提出了问题。在这样无限开放的问答交流中,意义获得了无限可能性。问答逻辑的结果即视野的融合。在单个文本阅读中,是读者视野与文本视野的融合,在阅读的历史系列中,则是读者的现在视野与历史视野的交汇融合。后者分两个步骤完成:首先,寻找文本在其所处时代提出的问题,重建文本的最初期待视野;然后,把文本过去提出的问题,转变成"文本对现在的读者提出了什么"以及"现在的读者对历史文本提出了什么"这样的问题。在这种问题的转化中,历史视野与现在视野完成了交融。通过交融,基于"伟大文学所表现的超时代效果与现、当代史形成之间的矛盾(和统一)"①的文学史建立起来了。对这种文学史的实质,艾略特(Eliot)早就作了这样的理解:"历史感包含了一种领悟,不仅意识到过去的过去性,而且意识到过去的现在性。历史感不但驱使人在他那一代人的背景下写作,而且使他感到:荷马以来的整个欧洲文学和他本国的整个文学,都有一个同时性的存在,构成一个同时的序列。"②

二、四处蔓延的文学史之网

"期待视野"是姚斯接受美学的"顶梁柱"。姚斯将"期待视野"当作联

---

① 〔德〕冈特·格里姆:《接受学研究概论》,见刘小枫选编:《接受美学译文集》,北京:三联书店1989年版,第70页。

② D. H. Richter ed. *The Critical Tradition*, New York: St. Martins Press, 1989, p. 467.

系各环的中枢，建立了以读者接受为本、重视作品影响的新文学史观。与流俗的历史观不同，姚斯的文学史观非常独特，他抛弃了直线模式，让历史向四周纵横蔓延。

与所有人一样，姚斯首先让历史的向度沿着历时方向延伸开去。在这一向度上，姚斯的文学史又是多层面的。其一是单个作品的接受史，即作品意义潜能在历史接受的各个阶段连续展现出来；其二是作品置于文学系列中的意义显现。这一层面的历史观是姚斯从接受美学立场出发，改造俄国形式主义的文学演进史而建立起来的。

俄国形式主义认为文学演进是文学形式不断创生的过程：当一种新形式自动化以后，另一种新形式就以陌生化的面目出现代替它。新形式受到普遍欢迎，登上典范的宝座，但很快就失去了新锐的气势，再次自动化。如此循环往复辩证自生。当然，这种辩证自生的继承并不是一味父子式的，而毋宁如舍克洛夫斯基（Viktor Shklovsky）所说的是叔侄式的断续相继，即一个新流派的产生不总是创新的，它不可避免地要继承某个被人遗忘或先前未居于显学地位的学派的遗产。蒂尼亚诺夫（Yury Tynyanov）的主因说概括了一种类似的现象。蒂氏把文学史归结为系统的替代，每一个系统都有一个因素或因素组处于“主因”地位，文学史的延续就是一个主因或主因群被另一个主因或主因群不断取代。但被取代的主因并不消失，只是退入背景，等待日后以另一种方式重新出现。

但是，无论形式主义的文学史发展得如何精密细致，它都无法自我弥合由于方法论的局限而固有的一大缺陷：仅仅将历史的理解局限于对变化的感知。这使它既无法回答文学形式变化的方向问题，也无法感知一部作品艺术特性的意义潜能，因为这一潜能永远也不会在它初次出现于其中的视野中被人立刻感知。

为此，形式主义文学史必须求助于接受美学，开辟一个历史经验的层面，这一层面必须包括现在的观察家亦即文学史家的立足点。从这一立足点观之，文学演进是按照这样的方向发展的：“下一部作品可以解决上一部作品遗留下来的形式和内容的问题,并且再次提出新问题。”[①]在这样彼此问答的连续中,文学演进获得了一个视野,它允许人们去寻找对于被误解或被忽视的旧形式的新理解。也正是借着这一视野的返顾之光,舍克洛夫斯基发现了叔侄相继的遗传规律,蒂尼亚诺夫看到了主因与背景交互隐现的转换机制。

作品系列的演进影响史在美国当代文论家哈罗德·布鲁姆(Harold Bloom)的手中发生了变异。布鲁姆将系列中的作品一律替换成诗人。前辈诗人集结成传统,变成每一个后来诗人无可回避的影响。后来诗人之于先驱诗人,正如弗洛伊德(Sigmund Freud)所谓的家庭罗曼史中具有俄狄浦斯情结的儿子面对着父亲,被影响的焦虑煎熬着,处心积虑地误读和修正父亲的作品,借修正比来树立自己作为诗人的形象。布鲁姆将现代诗歌史归结为诗人与影响的焦虑痛苦争斗的历史。他这样宣称:“一部成果斐然的‘诗的影响’的历史……乃是一部焦虑与自我拯救之漫画的历史,是歪曲与误解的历史,是反常与随心所欲的修正的历史”,但如果“没有所有这一切,现代诗歌本身是根本不可能生存的”[②]。因为经布鲁姆独特的解释:“诗的影响并非一定会影响诗人的独创力;相反,诗的影响往往使诗人更加富有独创精神——虽然这并不等于使诗人更加杰出。”[③]

历时性角度并不是姚斯的文学史所运用的唯一角度。姚斯非常服膺历史学家西格弗里德·克拉考尔(Siegfried Kracauer)对于历史的一个洞见:同一时刻发生的大量事件并没有因为这一时刻的偶然相遇就被赋予统一的意义。其实,它们很可能是一些完全不同的时间曲线中的时刻,受到各自“特殊历史”的法则制约。这就是所谓的“同时者与非同时者的共同存在”。历史性向度上的创新时刻,只有在不忽视它在这一时刻所处的文学环境的联系的前提下,才能得到精确的揭示。为此,姚斯引进了文学史的共时性角度。

重视文学史的共时性,就是研究文学史上一个个共时性的截面。这些

---

① 〔德〕汉斯·罗伯特·姚斯:《文学史作为向文论的挑战》,见胡经之、张首映主编:《西方二十世纪文论选》(第3卷,读者系统),北京:中国社会科学出版社1989年版,第169页。

② 〔美〕哈罗德·布鲁姆:《影响的焦虑》,北京:三联书店1989年版,第31页。

③ 同上书,第6页。

静态的截面犹如文学史历史演变的遗迹,从中可以读解某一时刻文学史整个系统中的语法。连续辨读一系列连续相继的截面,就可以分辨出文学史系统中持久的和可变的因素,从而揭示出在文学演进中划时代时刻所发生的翻天覆地的变化。至此,再回顾姚斯简短的判断——“文学的历史性出现在历时性和共时性的交叉点上”①——就会感到豁亮许多。

然而,姚斯的文学史并未顺势在历时与共时的经纬相交处划上句号。文学史的最后完成还有待于文学对读者产生影响,在现实生活中发挥出效能,即“读者的文学经验成为他生活实践的期待视野的组成部分,预先形成他对于世界的理解,并从而对于他的社会行为有所影响”②。文学对社会具有造型功能,于人则有解放的作用,它们共同蕴含在作品“形式与内容的和谐”之中,分别从审美和伦理两个方面作用于读者与社会。在审美方面,文学“通过为首先出现在文学形式中的新经验内容预先赋予形式而使对于事物的新感受成为可能”,通过刺激读者新的审美感受,“预见尚未实现的可能性,为新的欲望、要求和目标拓宽有限的社会行为空间,从而开辟通向未来经验的道路”。在伦理方面,文学可以通过对读者期待视野中关于生活实践及其道德问题的期待作出新的回答,从而强迫人们认识新事物,更新原有的道德伦理观念。这样,就可以“把人从一种生活实践造成的顺应、偏见和困境中解放出来”③。

这大概才是姚斯接受美学的真实意图。许多人望文生义地以为,接受美学的要旨即在于“接受”,仅仅重视读者。这是一个极大的误解。文学的造型和解放功能的实现是文学与历史的真正沟通。如果说,姚斯的文学史像一张巨大的网四处撒开的话,至此才收拢为一个完美的结。

姚斯编织的文学史之网的神奇之处还不止于此。如果能够将这张网置于放大镜之下,人们就可以发现,每一个网眼还包含着一个文学史的子系统,这些子系统麻雀虽小,然五脏俱全,几乎带着母系统的全部文学史特征。类型理论就是这样的一个子系统。类型是姚斯期待视野的组成成分,划归

---

① 〔德〕汉斯·罗伯特·姚斯:《文学史作为向文论的挑战》,见胡经之、张首映主编:《西方二十世纪文论选》(第3卷,读者系统),北京:中国社会科学出版社1989年版,第174页。

② 同上书,第177页。

③ 同上书,第179页。

“对于文类的先前理解”,但也是独立的文学史研究的主题。作为后者,它与作品存在着几乎一一对应的类比关系:历史上的某一文学类型在历代文学史家的阐释中展示为意义潜能实现的链条;“文学类型与个别作品一样,几乎难以独立存在”,它是“类的发展系列”①,其发展规律一如舍克洛夫斯基“叔侄继承”和蒂尼亚诺夫“主因说”的修订版;在文学发展的某一阶段,诸类型之间呈现同时发展关系;文学类型的存在也有自己相关的社会功能。类型是文学史大系统中发育完全的亚系统。姚斯编织的文学史之网还包括许多这样的亚系统:风格、时代和“复兴”,等等。它恰似一张恢恢天网,无限开放,但疏而不漏。

可以这样比喻:文本是意义的水库,蓄满了意义的势能,阅读则如开闸放水,让意义倾泻而下,流入历史的河床,将势能转换成动能。随之而来的问题是:这其间的转换过程是如何完成的?稍加概括和抽象,文本的现时阅读又是如何触摸文学的历史之网并与之接轨的?姚斯是以解释学的视野嬗变作为回答的。如果说,姚斯的文学史观借鉴了解释学的核心原则的话,那么,姚斯的三级视野阅读模式就同解释学的诠释三位一体直接合二为一了。

诠释的三位一体即理解、阐释和应用三个瞬间过程,前两个过程涉及审美活动,分别对应着初级的审美感觉阅读视野与二级的反思性阐释阅读视野。初级视野通过对文本形式和意义的潜在整体连续的期待,逐字逐句地完成文本的“总谱”。这时,读者已经意识到文本的完成式,但还没有意识到文本完成的意义,更不用说是“整体意义”。“整体意义”的完成有待二级视野。在二级视野中,文本的完成式成为它的先在理解。带着这种前见的预期,二级视野再次通过依次从结尾到开头,从整体到局部的新的阅读,寻找和建立未完成的意义,在文本开放的意义可能性中选择、确立一种可能意义作为文本意义的具体化。诠释的应用过程开始涉及文本的历史影响,所对应的三级历史阅读视野需要完成前文所述的视野重建过程,重复视野融合所经历的两部曲操作程序。

在这一套诠释学中,问答逻辑起到对意义的调节作用,它尊奉伽达默尔

---

① 〔德〕H. R. 姚斯:《走向接受美学》,见《接受美学与接受理论》,沈阳:辽宁人民出版社1987年版,第132页。

说过的这样一句话为圭臬,限制主观阐释的随心所欲:真正的历史意识总是同时注视自己的现实。换句话说,问答逻辑对文本的提问,无论是形式方面的,还是意义方面的,都要在现实中寻找必需的理由。然而,问答逻辑本身就是开放的,它又允诺了新解释的层出不穷,它的调节作用到底可以保持在何种有效的弹性限度内?这又是一个必须首先回答的问题。

三、文学史主题的消隐

姚斯的理论面世之后,几乎每一点都受到了批评和责难。这些批评和责难都切中肯綮了吗?它们有哪些建设性的意义?面对着这些,我们该怎么看待?姚斯又是如何作答的呢?

盖·凯泽断言:根据接受美学的原则撰写一部文学史将困难重重,因为这种文学史要求撰写者起码做到一点:在密切注视单个作者的接受或历史变化的接受同时,须得抢拍共时态文学体系的横切面镜头。作为纲领,它显得简明扼要,但当要求于实际操作,其高精尖的程度显然超出了可以承受的界限。出于同样原因而显得忧心忡忡的还有卡·罗·曼德尔考。在他看来,要描述接受过程的反馈效应将是非常艰难的,因为效果史从来就不是一部作品的效果史,而始终并同时是所有作品的效果史。我们完全可以理解,这种忧虑主要是来自对接受美学论纲迅速投入应用的急切期待,但作为评价和回答,我们仍然要说,在理论本身尚未度过建设期的时候,于实用方面浅尝辄止是不足取的,据此而提出的批评也不足为据。

凯泽提出的第二个批评是,接受史的萌芽包含片面对待艺术作品、忽视作品客观质量的危险。换言之,在文学本体相互依存的三个因素——作者、作品和读者——当中,接受美学独钟后者。这是一个几乎人人都会赞同、人人皆以为胜券稳操的批评,但恰恰流于自以为是。在意义结构(S) = 作者意(A) + 读者意(R)的公式中,由于R因读者屡屡更换趋向无穷变化,A与之相比几可省略,所以S近似等同于R。这在推导上并无错误。况且,事实上姚斯也没有忽视A,相反,A常常如同梦魇一样纠缠着姚斯。姚斯的不足之处仅仅在于他始终不知道如何确定A在S中所占的精确比例。

更多的批评指向姚斯理论中社会学方面的缺憾。这方面的缺憾似乎是全方位的。有人认为,姚斯的理论缺乏一个读者类型的定义,缺乏从社会学角度对读者进行划分和分析,对读者的文学基础也缺乏调查。这方面的著名指责来自前东德文论家克·特莱格尔(Claus Trager):"当'读者'被简单地作为阅读着的个人来理解时,他可以说是空的,那他就不是什么历史的动力。"①因而也无法满足文学的历史性要求。

社会学底蕴的薄弱也表现在期待视野上。苏珊·米勒-汉普夫特(Susanne Muller-Hanpft)就对公众的"期待态度"表示怀疑。她说;"公众对艺术作品的众多反应"并不是一致的,"而是从当时的具体社会环境以及个人的宝贵经验出发以多种方式表达出来"②。

姚斯是很以重视文学的社会功能、并从独特的角度实现审美与历史的融合而自得的,但即便如此,他在这一点上也未能幸免批评者的锋芒。他们说,姚斯将文学与社会的关系仅仅看作文学与读者的关系,舍此以外,一概排除。不仅如此,姚斯在论述创新的文学实现人的解放这一点上所表现出来的乐观主义并不妥当,因为创新的文学也为阻止人的解放卖过力。况且,倘若证明不出文学对单个读者的特有效果,即如果视野的改变作用无法从一概而论落实为特定读者的实际情形,文学的社会功能就无法得到充分的说明。

来自文学社会学的指责在姚斯的前东德同行曼弗烈德·纳乌曼(Manfred Naumann)那里达到了登峰造极的地步。在《从历史、社会角度看文学接受》一文中,纳乌曼勾勒出了文学接受研究社会历史的总体空间。他认为,首先,我们应该防止把文学接受学仅仅等同于文学阅读学,因为阅读只是伴随着书籍的大量出现而产生、并将随着书籍时代的结束而产生变化的文学接受的诸多形式之一;其次,所谓历时的文学接受史面临着一个实践的难题:"文学接受的大部分成果都被读者们悄悄地融合了。正因为如此,我们所拥有的原始材料很少能够导向关于真正的文学接受史的明确结论。"他还颇令姚斯难堪地指出:"一如过去的文学作品消融于它们的诞生过程中,

---

① 〔德〕冈特·格里姆:《接受学研究概论》,见刘小枫选编:《接受美学译文集》,北京:三联书店1989年版,第123—124页。

② 同上书,第111页。

如今文学作品也消失在文学接受的过程中。一部文学作品产生的原因的量的序列已被文学作品所产生的后果的量的序列所取代。”①

正因为存在着诸如此类的问题，纳乌曼提出要考察文学接受的整体方向。整体的文学活动的基本情形由以下三个矢量组成：作者→作品←接受者。在纳乌曼看来，问题的复杂性不仅在于，文学活动的个性特征使这一基本模式的每一个成分都带上偶然性、自发性和独特性的因素，从而使个人的创作和接受的行为以及孤立状态中的作品呈现出无限变幻的多向性和各异性特征，问题的复杂性还在于，如果这一模式将作为个人文学接受行为媒介的文学的、社会的和历史的诸种条件弃之不顾时，这种模式便暴露出其局限性。因而，必须在社会学方面考察文学接受的诸条件。

文学接受的首要条件由某一特定阶段读者消费的文学作品构成，因为这些作品不仅体现着创作家们的创作个性，而且它们本身是创作家以肯定或否定的形式明确参照接受领域里的需求的产物，体现了文学接受者的需求趣味和能力。它们通过媒介作家与读者的对话活动，将某种社会关系注入文学结构内部。

文学接受条件的第二种因素即文学传播中的关系问题。作者与读者的对话交际活动并不是直接发生的，它以出版、销售等文学传播手段为必要的渠道，同时接受文学批评的规范性调节。文学观念隐身在交际环节之后，担负着元交际的功能，它决定着书稿的选择、影响着批评界的评论和读者的阅读，等等。

纳乌曼圈划的文学接受的社会历史空间漫漫无垠，它是如此广阔，以致于几乎令人绝望。试想，如果以如此之广的研究领域要求于单枪匹马的姚斯，我们不是显得过于苛刻了吗？纳乌曼恰恰以他的登峰造极让我们觉出了体谅姚斯的必要。

事实上，姚斯是非常自觉地限定自己的研究对象的。在这方面，穆卡洛夫斯基（J. Mukarovsky）和沃迪卡（Felix Vodicka）助了他一臂之力。穆是能动结构主义的代表人物，他在研究封闭的作品的同时，将读者的标准体系纳

---

① 〔德〕曼弗烈德·纳乌曼：《从历史、社会角度看文学接受》，见张廷琛编：《接受理论》，成都：四川文艺出版社1989年版，第68—69页。

入自己的学派中，从而使共时研究向历时研究敞开了大门。“艺术品是在它的内在结构中、在它与现实和社会的关系中、在它与创造者和接受者的关系中以符号形式呈现出来。”①这是能动结构主义者穆卡洛夫斯基对作品的理解，也是对接受理论纲领的最精炼的概括。它为姚斯的文学史研究成功地提供了一个基本模式，从而使姚斯抛弃了盲目性。金特·席维准确地评价了穆氏对姚斯的助益，也道出了姚斯的策略：“结构主义者不管现实情况如何，把明确的限定性强加给了他的客体，甚至不惜生硬地、勉强地（但并非武断地）这样做。这种做法的报偿是明确的结构规律和可描述的功能。”②

很明显，如果没有结构主义对研究对象的限制，姚斯的研究就没法完成。为此，我们再引用一段沃迪卡的话，作为对社会学责难的总回答：“认识的目的不可能囊括由个别的读者作出的所有的解释，它仅仅能包括那些揭示出作品的结构和流行准则的结构之间的矛盾冲突的解释。”③

如果说，社会学的指责尚属于外围扫射的话，那么，人们对“期待视野”的批评则属于内核轰炸了。“期待视野”在姚斯的理论中所处的拱心石地位，使它成为批评的众矢之的。曼德尔考率先对“期待视野”的实用性提出质疑。在他看来，在历史同时性的平面上，期待视野至少可以一分为三：时代期待、作品期待和作者期待；在全部效果史的时间进程中，期待视野又不断形成和毁掉。如果要对各个阶段的期待视野进行区分，那就必须综合两方面的原因，其困难程度不言而喻。

东德的魏曼（Robert Weimann）为了强调生产美学占绝对优势的美学观，指责“期待视野”难以客体化。他说，古代人的期待视野几乎无法再现，近人的期待视野则分裂成互相矛盾、彼此龃龉的五花八门的读者期待。况且，基于期待视野而建立的接受史将各种接受千差万别的价调整得一溜平，是典型的议会德行。平心而论，他们的批评都不是很理直气壮的。曼氏对期待视野的怀疑与他对文学史的怀疑显得一样浮躁，魏曼则显露出客观主

① 〔荷兰〕D. W. 福克马、E. 库内—伊布施：《文学的接受——接受美学的理论与实践》，见刘小枫选编：《接受美学译文集》，北京：三联书店 1989 年版，第 223 页。

② 同上书，第 224 页。

③ 同上书，第 225 页。

义的偏颇。

相比之下,特莱格尔与霍拉勃(Robert C. Holub)就显得机智而胸有成竹得多。他们都不同意姚斯将作品的美学价值等同于期待视野与作品之间的距离。霍拉勃不无偏激地说,若将黑猩猩打出的字当作小说发表,它也肯定与大众的期待视野大相径庭。以此判断文学价值的高低,至少是不科学的。不仅如此,霍拉勃还进一步指出了姚斯的自相矛盾之处。姚斯是不遗余力地拒斥、批评实证主义一历史主义范式的,但他为了证明特定时代"人所熟知的标准",又假设我们以现在为视点,能对这些标准的本质作一客观的判断。这实际上是削弱了对历史环境的重视,陷身于己所不欲的客观性方法论中去了。霍拉勃认为,这一切的根源在于,"过分依赖于形式主义的接受理论",将陌生化和新颖性作为"评价的唯一标准"①。

这大概是姚斯理论的阿喀琉斯之踵了。再回顾人们对姚斯文学社会功能的乐观主义的批评,似乎也对姚斯一味求新、一味重视对现实进行否定表现出隐隐的不满。可是陌生化理论到底在哪里埋下了理论的隐患呢?标扬创新不是很具革命性和创造性吗?

这大概要追溯到俄国形式主义的精神同盟:阿多尔诺(Theodor W. Adorno)的否定性美学。这种美学的要旨即纯粹的否定性。它认为,艺术只有否定了它所产生的特定社会,才能具有明确的社会功能。艺术越是与社会现实生活的图式脱离,艺术就越精粹。阿多尔诺标举否定性的时候,赋予了这种美学以社会批判的强烈意识形态意味,但俄国形式主义却因为单纯强调形式的理论需要,褪下了阿多尔诺的意识形态外衣,却将其中的否定性精髓永恒化了。

当姚斯创建接受美学的时候,他似乎忘记了文学接受史上一个不引人注目的事实,用霍拉勃的话说就是:"强调创新似乎是现代偏见的一部分,或许与市场机制渗入美学领域有关。""独创性和天才在受到青睐的评价范畴的花名册上",是继封建主义时代"强调等级制度、一致性、重复性"之后

---

① 〔美〕R. C. 霍拉勃:《接受理论》,见刘小枫选编:《接受美学译文集》,北京:三联书店1989年版,第345页。

的“姗姗来迟者”。[1] 姚斯大概是出于对艺术审美特性的虔诚,不假思索地吮吸了陌生化理论还算甘美的乳汁。

事实确实如此,他的“期待视野”颇得否定性美学的神韵。但遗憾的是,姚斯不久就遭逢了否定性美学江河日下、普遍贬值的时代。失去宠儿地位的否定性美学面临着重新检验合法性的问题,“期待视野”也随之暴露了一个隐而未现的大缺陷:它内在包容的否定性限制了它对“肯定文学”的理解与欣赏。“期待视野”失去了普遍适用性,也就无可置疑地失却了作为衡定作品审美价值的标准的荣耀地位。

当姚斯苦心孤诣构筑的文学史理论的柱石面临着崩溃的危险之时,他在这方面的研究显然无法再继续下去了。姚斯将目光转向了审美经验。这又是一个谜:是什么决定了姚斯研究转变的方向?转向前后的研究有无什么必然联系?朱立元已经面对这一个谜的谜底了,但他只是把它当成了一个理所当然的问题:“审美经验是接受与接受史研究的核心问题。”“只有通过审美经验的深入研究,方能把接受美学向前推进。”[2]终于泛泛而谈,一笔带过,流于语焉不详。

事实上,否定性美学的没落深深地触动了姚斯,促使他对阿多尔诺的一个大胆假设进行了深刻的反思。这个假设认为,艺术与快乐幸福无缘。基于此,艺术才能保证与社会绝缘的苦行特征,曲高和寡又目空一切。姚斯正是在这一点上看到了自己与阿多尔诺的分歧,也是在这一点分歧上看到了补救的希望:反其道而行之,是否就能纠正其理论的消解性?审美经验因此而进入姚斯的视野,因为它正好与苦行主义针锋相对。

在《什么叫审美经验?》一文中,姚斯通过对审美经验的全方位考察认定,在审美经验的反射层次上,审美经验者能够自觉拥有审美角色距离而采取旁观者的游戏态度。审美经验的游戏特征释放出审美愉悦,使艺术作品秉有自愿的特征。姚斯引用了一句格言,透彻地道出了自己的美学与阿多

---

① 〔美〕R. C. 霍拉勃:《接受理论》,见刘小枫选编:《接受美学译文集》,北京:三联书店1989年版,第345页。

② 朱立元:《接受美学》,上海:上海人民出版社1989年版,第17页。

尔诺那以自我收束为特征的苦行美学的区别："礼仪是强制的，舞蹈是自愿的。"①

此外，研究审美经验还有意想不到的收获，它不仅为姚斯提供了理论纠偏的可能，而且审美经验本身尚可再划分为作家生产、读者接受、读者通过交往得到净化这三种经验，深入剖析这三方面的经验，非但未背离接受美学重视读者接受的重心，而且将之拓展到一个更加深广的领域中。

更难能可贵的是，"艺术的自愿性为艺术的叛逆性提供了获得解放的机会"②。在姚斯看来，审美经验具有一些独特的结构特征，它特有的时间性允许经验者享受到生活中无法达到或极难忍受的东西，使人重新认识过去的事物或被排挤掉的东西，保持逝去的年华；让人首先抓住未来经验，在天真的摹仿但又自由地承受的状态下，接受审美经验对生活实践的预先规范与定向……一言以蔽之，审美经验在一个更加坚实的基础上与姚斯的文学史相遇于一点：文学的解放功能。它保持并确证了姚斯接受美学初衷的合理与良善。

姚斯是以现代社会的保护神的英勇姿态来研究审美经验的："面对正在加剧的社会存在的异化，审美经验在美学的平面上接过了在艺术史上还未曾给它提供过的一个任务：用审美感受的语言批判功能和创造功能来同'文化工业'的服务性语言和退化了的经验相对抗，面对社会作用和科学世界观的多元论，保护他人眼里的世界经验并借以保护一条共同地平线。"③

这是一个过于艰巨而神圣的任务，可能会需要姚斯的全副精力。因此，伴随着"期待视野"在姚斯的文章中渐渐销声匿迹，文学史主题也在姚斯的研究中消隐了。裨补期待视野的缺陷，重建文学史，这是姚斯留下的一个有待完成而至今尚未完成的课题。

---

① 〔德〕H. R. 姚斯：《什么叫审美经验?》，见刘小枫选编：《接受美学译文集》，北京：三联书店1989年版，第18页。

② 同上。

③ 〔德〕H. R. 姚斯：《审美：审美经验的接受方面》，见刘小枫选编：《接受美学译文集》，第66页。

审美的狡黠:姚斯对阿多尔诺的超越

姚斯在文学史哲学领域受挫,没能完成创建以读者的接受为中心的新文学史规划,转向审美经验研究。如果说在转向之初,姚斯仅仅试图以审美经验来纠阿多尔诺的否定性美学之偏的话,那么,事隔多年之后,当《审美经验和文学解释学》出版之时,姚斯对审美经验的思考又有了新的进展。

一、重返审美经验

综观整个西方艺术史,姚斯发现,审美经验问题一直被柏拉图的本体论和他关于美的形而上学所遮蔽,艺术所揭示的真理高于艺术经验,审美经验没有得到应有的重视和研究。只有古代亚里士多德的《诗学》和现代康德的《判断力批判》成为这一主流之外的两个例外。但即便是亚里士多德和康德也没能形成一种关于审美经验的综合性的、开创性的理论。人们只是考察审美经验的生产功效和成就,很少考察其接受功效和成就,几乎没有考察其交流功效和成就。而生产、接受、交流作为审美实践的三位一体却构成了所有艺术的基础。因而审美经验问题亟待进一步澄清。正如海德格尔基于对西方哲学史的全面考察而发现了存在问题的被遮蔽和被遗忘一样,姚斯对审美经验问题的研究也基于一种类似的重新发现。

同时,姚斯又发现,在人们对文本或审美对象的接受过程中,存在着同化和解释、理解和认知、原始经验和反思行为的现象学区分。在接受者对作品的意义作出解释和认知、对作者的意图作出反思性的重新构造之前,原始审美经验就已经产生于该作品的审美效果之中。姚斯前期的接受美学研究无疑忽略了对这种原始审美经验的研究,因此,对姚斯来说,转入审美经验研究就是重返前期接受美学研究的基础进行深入开掘,是将接受美学研究进一步引向深入。

当然，姚斯最不能释怀的还是其未竟的文学史事业。当初，在探讨姚斯的核心概念“期待视野”的缺陷时，美国的霍拉勃就曾经一针见血地指出，姚斯的症结在于“过分依赖于形式主义的接受理论”，将陌生化和新颖性作为“评价的唯一标准”。[1] 而陌生化的理论隐患又是由阿多尔诺具有苦行主义特征的否定性美学埋下的。

经过多年的潜心研究和思索，姚斯对自己的这一理论失误有了极为清醒的认识。仅在《审美经验和文学解释学》一书中，他就不止一次地作了坦诚的检讨。在审视审美快感在现代的堕落史时，姚斯承认，除了对通俗文学的讨论以外，他自“1967 年以来一直提倡的接受美学假定了所有接受的基础是审美的反思，从而加入了惊人普遍的苦行主义行列”[2]。在论及弗洛伊德的审美快感理论反衬出俄国形式主义理论的片面性时，他又特意申明：“我的《作为向文学学科挑战的文学史》一书当然还是犯有这种与俄国形式主义学派的进化理论一样的片面性。”[3]基于这样一些自我反省，姚斯有意识地将自己对审美经验的理论探讨和历史描述置于与阿多尔诺的否定性美学论辩的立场之上，将审美经验的研究作为否定性美学的一味解毒剂。

二、审美的狡黠

法兰克福的重要理论家阿多尔诺在对发达工业社会的文化产业作了深入研究之后，给当代艺术宣判了死刑。他认为文化领域已经完全被商品社会的拜物逻辑和意识形态所渗透，当代艺术的所有审美实践都被降低为消费主义和意识形态的操纵。鉴于艺术领域这一严峻的现实，真正的艺术要想摆脱被奴役的状态，只有对社会采取完全对抗的姿态，彻底否定艺术与社会的所有联系。

---

① 〔美〕R. C. 霍拉勃：《接受理论》，见刘小枫选编：《接受美学译文集》，北京：三联书店 1989 年版，第 132 页。

② 〔德〕汉斯·罗伯特·耀斯：《审美经验和文学解释学》，上海：上海译文出版社 1997 年版，第 40 页。

③ 同上书，第 245 页注①。

阿多尔诺所说的否定性是双重多层次的否定性,既要否定艺术作品的不光彩起源,赎出它们在古代依赖于魔术手法、为统治阶级效劳以及纯粹的消遣娱乐等原罪,又要否定艺术与制约它们的现实社会关系。除了用“对现实中尚未存在之物的先期把握”来疏离经验现实之外,还要消解艺术自身传统的完美外观,用不和谐的形式来传达否定性的精神内容。因此,这种否定性是绝对的否定,甚至无法包容黑格尔“否定之否定”的辩证法里包含的肯定性因素。

阿多尔诺这一极端的否定性思想在对现代文化产业的分析中,显示了犀利的批判锋芒,表明了理论家对现代社会艺术的商品化和人的异化现象的深恶痛绝,因而它理所当然地成为先锋派文学艺术的理论依据。然而这种理论的片面性也是显而易见的。姚斯已经深切地痛感到这种片面性对审美经验研究的极大妨碍,因而不得不挺身扮演为审美经验辩护的角色。

姚斯立足于审美实践的事实,公正地指出,不加批判地谈论当代艺术的“商品特性”,会使人忘记,即使是“文化工业”的产品,也仍然是特殊的商品,不能完全套用商品流通的理论来讨论它的艺术特性。同理,我们也应该实事求是地承认,对于审美需要的操纵也是有限度的。即使是在工业社会的条件下,艺术的生产和再生产也不能决定艺术接受。因为艺术接受不是简单被动的消费,而是基于接受者的赞同或拒绝而进行的审美活动。

在这种对审美事实不动声色的叙述中,姚斯实际上已经勾勒出了阿多尔诺理论必然要面对的二难困境:无论用何种委婉或穿凿的解释或论证,我们都不可能简单地用否定性这一概念统括艺术史。与那些在社会解放过程中发生否定的批判作用的作品相比,人们可以罗列出数量大得不可比拟的积极的或肯定性的作品。何况在阿多尔诺的心目中,几乎所有传统的作品都被划入肯定性的作品之列。

阿多尔诺最终都没有解决这一恼人的肯定性作品问题。倒是姚斯代为作了较为辩证的解说。他说,其实,肯定和否定并不是艺术与社会的辩证法的两个定量,它们在接受的历史过程中受制于一种奇妙的视野的转变,经常会转变为各自的对立面。就好像被阿多尔诺笼而统之地划为肯定性作品之列的经典作品,其肯定性也并不是生而有之的,而是由传统的力量附加在它们之上的。

在这些经典作品产生之初,它们往往堪称否定性的最优秀范式。然而,像所有具有否定性特征的作品一样,它们在接受的过程中势必失去其最初的否定性。当公众的情感被否定性激发起来并专注于这种刺激的时候,他们就不可避免地从对否定性的惊异转为对否定性的欣赏,否定性因而被中性化。

当这些具有超越惯常标准和期待视野的历史能量的作品转变为经典作品之时,又必须付出第二次改变视野的代价,而这一次改变再次否定了它们问世时所带有的第一次否定。这第二次否定就与它们在第一次否定中颠覆了的秩序重新和解,使它们与那些颁布文化法令的机构同化,把它们在刚发表时否定其合法性并大加挞伐的权威性传统作为文化遗产而重新肯定。

这样,审美的狡黠就通过视野的改变造成了并同时也掩盖了这么一个事实,即艺术的否定性通道不知不觉地通向了传统的进步的肯定性。因此,从更宽广的视野来看待,艺术史总呈现为钟摆状运动,在"超越的功能"和通过解释同化作品两者之间来回摆动。

否定、中性化、再次否定以及最后达致肯定,如此复杂而辩证的过程,在阿多尔诺那里被绝对化为纯粹的肯定或否定。其简单粗率的作风由此可见一斑。袭用这种纯粹主义的作风,显然也无法充分理解前自主期艺术的社会功能。对处于早期的、尚未独立自主阶段中的艺术,阿多尔诺一方面不断地谴责其对社会的肯定美化作用,另一方面又试图悄悄地通过否定性来拯救这些作品,声称即使是肯定性作品,生来也具有争论性,它们通过强调与经验世界保持距离来表明,经验世界本身必须变成另一个世界。

姚斯认为,与其这样望空穿凿出一个否定性来,不如改用别的评价标准来认识艺术的社会功能。否定性这一概念在解释艺术的社会功能方面的无能,是因为它"非此即彼"的直线思维阻断了审美实践的交流行为,因而无法描绘出审美经验在社会规范的形成、巩固、升华、嬗变中所起的作用。

就比如被阿多尔诺贬斥得一文不值的所谓"为统治者服务"的宫廷爱情文学,尽管用肯定的目光美化了贵族夫人,但这种文学流芳百世的恰恰不是拜倒在石榴裙下的奴颜卑膝,而是对一种新发展起来的爱情伦理学的实际认同。从社会历史的角度观之,这种文学对于情感的解放贡献非常之大。如果说在宫廷爱情小说中已经出现了对支配着婚姻和禁欲主义的基督教教规的无声否定,那么,这种含蓄的否定对当时的公众来说,不是排除而是包含了肯定性。

否定性概念与交流的势不两立还可能使阿多尔诺断送掉他本人倡导的新的启蒙运动。因为很显然,纯粹的否定性要实现向新的社会实践图式的转换决非易事。所以,如果阿多尔诺与先锋派的艺术家们不想让他们对文化产业与意识形态操纵的抵抗仅仅流为一纸空谈,而是转化为现实的颠覆力量,并进而形成新的规范,就必须将他们破除规范的理论和实践形式转变为审美经验创造规范的成就,就不得不重新疏浚被否定性堵塞的交流通道。

阿多尔诺美学理论的力量和无可替代的价值很大程度上是建立在深刻的片面之上的,是以牺牲全部交流功能为代价的。而当代艺术在社会领域中的交流功能,并不会因为阿多尔诺的有意忽视而销声匿迹,相反,它只会随着未来人类的解放而不断加强。伴随着交流功能的被漠视,艺术的接受和具体化的整个领域也成了阿多尔诺否定性美学中的现代主义的牺牲品。而这正是作为接受美学理论的倡导者姚斯坚决不能接受的地方,因为,在接受美学看来,阐释者和社会的一切接受手段正是作品的历史生命之所在。

姚斯列数否定性美学的不足,并不是力求标明自己与阿多尔诺的针锋相对。事实上,对大众文化,姚斯也与阿多尔诺一样,持一种精英的批判的立场。他把大众传媒凭借其信息的巨大数量和接受时间的加快而压倒高雅文学这一逼人的现实,也视作文学教育履行"批判的社会功能"的失败。[①] 姚斯只是想充分展示否定性概念的非辩证性,以便引进审美经验的双重性来超越之。

考察审美经验的历史,姚斯发现,审美经验拥有诡谲的双面,既能表现出逾越规范的作用,又有为统治当局利用、为处于实际苦难中的大众提供审美安抚的不良记录。审美经验的双面性亦即审美经验的歧义性和不可驾御性,它可以说是柏拉图的遗产,在柏拉图的理论中可以找到对它的最早表述。人们通过对尘世的美的沉思,可以激起对已丧失的超验的美和真理的回忆。就美是人神之间的中介而言,美具有最高的尊严;但是,人们对美的

---

① 弗拉德·戈德齐希:《审美经验和文学解释学英译本导言》,见《审美经验和文学解释学》,上海:上海译文出版社 1997 年版,第 4 页。

感知并不必然返回到超验的完美事物，人们也许就此沉溺于必不可少的感性现象以及由此带来的游戏快感中。就美放纵人们的情感而言，审美经验是一种极其危险的力量，因而又必须在理想国中禁绝。

柏拉图的遗产在西方美学史上代有传人，康德、卢梭、克尔凯郭尔等等，他们都用一种充满狐疑的眼光来看待艺术经验，阿多尔诺的否定性美学只是这一遗产的最新继承人。正如柏拉图在认识到美的难以把握性而对美充满戒心一样，阿多尔诺在含混不清的美的力量中识破了统治者利益的伪装和抑制，并且相信，只有摆脱对经济的从属和所有不正常的交流的操纵，给真实的意识建立起一块阵地，艺术才能够摆脱"虚假意识"的恶性循环。因此，为了使艺术在不受统治的状态中重获纯粹性，在一个腐败的社会中必须首先将它中止。

姚斯认为，这种为了未来审美的乌托邦理想而不惜对现有审美经验采取玉石俱焚的简单处理方法显然是殊为不智的。审美经验的双面就像一柄双刃剑，既可以腐蚀人们对审美经验的信任，同样又可以回击人们对它的怀疑。因此，尽管像阿多尔诺、阿尔都塞等泛意识形态批判的骁将们恨不得将审美经验推上意识形态批判的断头台，但真实的历史情况却是：审美经验创造规范的功能常常并不像阿多尔诺们断言的那样，必然滑到受意识形态操纵的适应过程中去，并最终变成对现存状况的肯定。

在艺术史上，艺术曾经多次处于臣属的地位，那些时代要比我们的时代更有理由证明艺术衰落的预言。但是，姚斯令人信服地论述了："迄今为止，在每一个对艺术抱着敌意的时期，审美经验总是以出乎意料的新形式出现。之所以这样，是由于它能够智胜禁令、重新解释教规或者发明新的表达手段。""审美经验的这种基本的不可驾御性也常常表现在它经常要求的那种自由中，这种自由一旦得到就很难再被剥夺。这便是提出古怪问题的自由，或是以虚构的故事的伪装暗示这些问题的自由。在这些故事中，一整套设定的答复与受官方允准的提问一起确认了对于世界的成规式解释的叛离，并使这种叛离合法化。这种提问和回答的越界功能既可在虚构文学的曲折小径上找到,也可在接受神话这样的文学过程的通衢大道上发现。”①

姚斯的立场与阿多尔诺的审美纯粹主义完全不同,他在对审美经验的诡谲双面进行充分的非神秘化的基础上,试图驾御审美的狡黠,以证明审美经验研究在当代的合法性。

至于审美经验如何能够弥补否定性美学的缺陷,完成姚斯寄望于阿多尔诺和先锋派艺术家们实现的功能,即如何能够既否定现实又创造规范,既实现对艺术商品化和意识形态操纵的抵抗,又能够完成自身新启蒙运动的事业?姚斯认为答案就存在于上文所述的审美经验的那种自由之中。这种自由包含在康德对鉴赏判断的解释中:“鉴赏判断本身并不假定每个人的同意”,“鉴赏判断只设想每个人的同意”,“这不是以概念来确定,而是期待别人赞同”②。

无论在生产方面还是接受方面,审美经验都秉有自愿的特征。审美判断有赖于其他人的自由的赞同。这一点就使得人们在规范形成的过程中参与其间,而且也构成了审美经验的社交性。

三、享受他物中的自我享受

利用审美经验的双重性也同样可以重新评价遭阿多尔诺放逐的审美享受或审美快感。阿多尔诺是耻于谈论“享受”和“快感”的。在他看来,这纯粹是庸人习气,是把艺术与厨房里的食品或色情作品等量齐观,是对消费和低级趣味的迎合。

审美快感还是当代文化产业的先决条件,这种文化产业就是利用审美快感为人们提供一种虚幻的满足来对人们的审美需求进行操纵。而这种文化产业又是为隐蔽的、统治阶级的利益服务的。因为资产阶级就是想让艺术成为奢华的,作为对普通大众禁欲式的实际生活的安抚。阿多尔诺认为,也许二者的位置颠倒一下更为合适。因此,为了保持精英艺术的批判和颠

---

① 〔德〕汉斯·罗伯特·耀斯:《审美经验和文学解释学》,上海:上海译文出版社1997年版,第18—19页。

② 〔德〕康德:《判断力批判》(上卷),北京:商务印书馆1964年版,第53页。

覆功能，就必须坚守艺术遗世独立的苦行特征，拒绝快乐和幸福。

否定性美学使审美快感声名狼藉，审美快感成了一种禁忌，人们不敢染指这一当代资产阶级的特权。姚斯要告诉大家的是，否定性美学和意识形态批判使“享受”一词面目全非，人们几乎已经忘了德文的“享受”一词中“参与与占有”的固有含义，忘了它在德国古典主义以前所获得的崇高地位。在那时，“享受”与“与上帝分享”同义，“快感”来自信仰者自信上帝与他同在。此外还有反思的快感、智力的快感。最后，在歌德的《浮士德》中，享受这一概念涵概了包括最高的求知欲望在内的所有经验层次，如对生命的享受、行为的享受、意识的享受，一直到对创造的享受。

具体到审美快感的历史，从古代到现代，人们对享受态度的反思一直主要从属于修辞和伦理道德的讨论。亚里士多德将悲剧的快感追溯到模仿快感的双重根源：对模仿的完美技巧的赞叹以及在模仿中识别出模型的欣悦。除此以外，悲剧还有净化的快感，观众把自己认同于所描写的角色，放纵自己被激发起来的情感，并为这种激情的宣泄而感到愉悦。亚里士多德的论述即使在今天还能给人一种一语中的的透彻感。

奥古斯丁区分了人的五官的肯定性与否定性的感觉，把它们视为对感官快乐的好的利用和坏的利用，由此规定了审美经验的两个方向，前者面向上帝，后者则面向尘世。奥古斯丁认为，只有在转向上帝的“享受”过程中才会出现与存在的完美和谐的关系。但这种唯一合法的享受也有慢慢地转变为朴素的感官快乐的倾向，在审美上被一种因艺术手段而得到加强的感性经验所吸引。奥古斯丁的本意是要防范人们的审美好奇心从感性经验中获得快感而丧失专注于上帝的内向性，但无意中显露了审美经验冲破藩篱的狡黠特性，成为使审美经验得以具体化和自我肯定的第二个重要事件。

历史上关于审美经验问题探讨的第三个事件是高尔吉亚提出了言语效果的理论——言语可以消除恐惧和苦难，唤起喜悦和同情。从这种语言的情感功能，发轫了强调净化效果的交流功能的修辞学传统：被言语或诗歌所激起的个人情感的审美享受是一种诱惑，它使个人在哀婉动人的辞句的打动下，任人驱使，然后获得道德感上的平静。修辞显示了审美诱惑的矛盾性，它可以是善意的并且让听众迷醉，但也可以把听众引向邪恶。

修辞学传统中表现出来的审美手段的二重性在历史上屡屡遭人指责。

浪漫主义就是因为不满于全部修辞教育的人为性而抛弃了修辞美学,转而用天才美学取而代之。正是从浪漫主义开始,艺术的全部可娱经验开始衰落。

到了当代,快感这个词一度曾经拥有的崇高含义已经所剩无几。它所受到的指责当然还是以来自阿多尔诺的否定性美学为最。在阿多尔诺的意识形态批判中,修辞学的说服和诱导就被转变成了舆论和操纵。

历史的回顾具有无可比拟的雄辩力量。审美快感的堕落还是根源于审美经验的双重性。它积极的一面曾为它在古代赢得了尊崇,它消极的另一面又使它在当代遭致诽谤。局限于否定性与肯定性的圈子依然无助于对审美快感的冷静探讨。而审美快感无疑是研究审美经验不可或缺的因素,因为原来在接受美学的研究中被人忽视的原始审美经验就产生在对于作品的快乐的理解中。

而且,即使是阿多尔诺这位否定性美学最坦率的先驱者,也清楚地认识到所有禁欲主义艺术的局限性:如果把快感的最后一点痕迹也铲除干净,那就很难回答为何还需要艺术作品这个问题了。对于这个可能威胁到艺术存在的依据的问题,阿多尔诺还是像对待肯定性作品一样,将之搁置一边,不作正面回答。

那么,审美快感是由什么形成的呢?审美快感与普通享受的区别何在?姚斯并没有别创新论,而是返回历史的资源去寻找启示。康德的无功利快感论以及关于审美距离的定义首先进入理论考辨的视野。

康德认为,当自我完全被吸引到初级快感中时,只要快感持续着,它便完全是自足的,与生活的其他方面毫不相干;同时,审美的满足需要一个附加因素,即采取把客体搁置起来的立场,以使这种客体成为审美的对象。

路德维希·吉泽指出,无功利和审美距离还不足以把审美享受与理论姿态区别开来,因为后者也有距离。审美态度的要求是,有距离的对象不应该仅仅是非功利思考的对象,观察者还应该参与生产过程,想象这一对象。

对吉泽的想象行为,萨特用现象学方法作了分析。他说,审美经验中拉开距离的行为同时就是想象意识的一种创造行为。这种想象意识必须否定已经存在的客体世界,以便通过它自己的活动,按照审美图式,生产出非真实的审美对象。

仔细审察萨特的分析,姚斯又发现一个问题:如果说美的东西必定是想象的,那就一定要求观察者通过他的沉思行为去构造审美对象。反之,说想象自身就是美的,或者说想象行为必然产生审美快感则是行不通的。换句话说,观察者通过想象行为,在客体世界中附加了什么成分,使客体世界变为审美对象,从而使自己享受到审美快感。

姚斯认为,这种附加成分是在想象行为中,主体与客体发生相互作用时产生的。当主体在审美中发挥从自己的无功利中获得的自由的时候,采取的是一种与非真实的审美对象相对立的立场,在逐渐揭示审美对象的过程中实现对客体的享受。与此同时,主体借此活动从日常生存中超拔解脱出来,从而又享受了主体自身。在享受他物中的自我享受这一辩证关系中,审美快感得以产生。

通过理论的接力,姚斯终于得出了"在享受他物中的自我享受"这一审美快感的定义。他认为这一定义恢复了享受这个德文词"参与与占有"的古义。主体在占有一种关于世界意义的经验时经验其自身。这样,主体自己的生产活动和对他人经验的接受活动就揭示了这个世界的意义。审美享受在无功利的思考和试验性的参与之间的平衡状态中,打开了审美经验交流的大门。

四、审美经验的三位一体

审美快感可以存在于审美经验的不同方面,对于生产意识来说,审美快感表现在把创造世界作为自己的工作中;对于接受意识来说,表现在对人们感受外部或内部现实知觉的更新中;最后,接受者与艺术作品的相互作用开辟了通向互为主体经验的交流道路。创作、感受、净化三个概念因此浮现出来。它们分别代表着审美经验的生产、接受和交流的方面。三个基本范畴各自功能独立,虽不能相互还原,却可以用不同的方式联接。比如,创作者可以经历由创造向接受态度的转变,以接受的态度对待自己的作品;接受者如果认为审美客体不完美,也可以放弃沉思的态度,通过表现这个客体的形式和意义而成为创作者。不一而足。它们共同构成了审美经验的三位一体。

考察创作的审美经验历史，姚斯认为，它是审美实践一步一步地从各种束缚中解脱出来的过程。创作的审美经验致力于具有创造性的人的实现，艺术则充当了这一实现的主要工具。而这一实现的必然甚至在“创作”一词的形成过程和《圣经》对它的解释中就已初露端倪。

在古希腊传统中，所有生产的创作活动都隶属于由奴隶实施的实际生活实践，因而位列社会生产的最底层。亚里士多德在他的知识等级中将从事技艺的工匠与艺术家的活动从奴隶的劳动中区分出来，而且还特别将艺术活动归入最高等级的理论知识范畴，认为这一领域的创造能力从本质上讲可以达到尽善尽美的程度。然而，正如德国的汉斯·布卢门伯格阐明的那样，即便如此，只要技术的和审美的工作还只能是复制自然在人面前设置的典范的、具有约束力的、本质上完善的东西，人就不能够把他的活动看作是创造性的，是在竭力实现尚未实现的思想。因此，艺术的生产还必然会冲破“模仿自然”的限制。

审美经验发现艺术是独创性的领域，是创造人的世界的典范这一过程，还可以在《圣经》创世的那段历史中找到其合法的渊源。《旧约全书·创世记》第 1 章第 26 节这样记载：“神说：‘我们要照着我们的形象，按着我们的样式造人，使他们管理海里的鱼、空中的鸟、地上的牲畜和全地，并地上所爬的一切昆虫。’”

对这段经文不同的解释导致了对人在上帝创造的自然中的活动和地位的双重理解：人是上帝的造物，他的天职是为上帝服务，协助完成上帝的工作；但同时，他的职责也可以被解释成对世界实行支配和统治，并通过他的工作使之变成一个人类的世界。正如古典的模仿说必定为审美经验的创造概念所冲破，人对世界的态度也必然从服务向统治转变，从而在艺术方面对“创造”这个概念提出所有权的要求。审美经验生产由古及今的历史就是一部使这种必然化为现实的历史。

历来，人们用完美的技巧以及诗人完美地表达所有原来可能被日常生活需求和习俗所湮没、压抑或得不到承认的事物的能力来衡量艺术生产能力，这样，审美经验的生产能力就与其净化效果契合：诗人将自己的经验转化为文学，而在对作品的成功充满喜悦之际的同时也就获得一种与他的读者分享的精神上的解放。

但是从一开始,作为人的生产能力的审美经验同时就是创造性的艺术家所碰到的一种限制和抵御的经验。在天才美学之前,人类艺术产品只是引发出一种以自然为极限和理想的规范的经验。艺术家无法穷尽这种极限和限制,更不用说超越了。他们只能模仿,最多也只能将自然遗留下的未完成的模型加以完善。

自主观美学问世以后,伴随着现代抒情诗歌的审美观念,艺术家的创造转变成为一种针对自然的抗拒性和模糊性的活动。创造性的审美经验就不仅是指一种没有规则和范例的主观自由的生产,或者在已知世界之外去创造出别的世界;它还意味着一种天才的能力,要使人们熟悉的世界返璞归真,充满意义,用审美经验的最高权威来完成感觉的更新和对受压抑的经验再认识的任务。同时,现代的创作概念还发生了新的扩展,使接受者的共同创造过程也成为创作概念的题中应有之义。

姚斯对感受历史的回顾是对当代审美经验的新发展向当代美学提出挑战所作的直接回应,借机也表明他对现代艺术所作的评价和判断与阿多尔诺的否定性美学截然不同。

审美感受经验的发展在当代遇到了大众传播媒介的有力挑战和强大威胁。魔术般的技术革新极大地拓宽了审美经验的领域,使它超越了所有世俗传统认为天经地义的限制。但是,伴随着感官的空前解放,以新的诱惑性刺激来无意识地"操纵"感知意识的可能性也就越来越大。一方面,艺术在社会中完全被边缘化;另一方面,纯消费的艺术与能触发人们思考的艺术之间的对立不断加深。因此,如何填补大众艺术和神秘的先锋派之间的鸿沟,成为审美理论的中心问题。在这种感受的危机中,本雅明(Walter Benjamin)的通俗现代美学与阿多尔诺的深奥的现代美学出现了最尖锐的分歧。所有的艺术要么成为意识形态批判的牺牲品,要么仅仅作为极少数人的避难所而幸存下来。美学主要发展了这样一些理论,它们有的是关于未来艺术的乌托邦理想,有的则鼓吹返回到艺术气氛的孤独经验中去。

姚斯显然无法同意本雅明和阿多尔诺的观点,他赞成 D. 亨里希对现代艺术的公允评价。亨里希认为,当代艺术"必须重新加以理解",它们应该被看作是人们试图"使机械的、用技术生产出来的物质世界以及信息的洪流","变得令人能够忍受和熟悉,并成为一种扩展着的生活感情的基础。

而传统的生活方式对那些东西是无法承受的”①。

姚斯追溯了从古代荷马一直到现代普鲁斯特的感受经验,就是想为亨里希的解释提供依据,表明这样一种结论:人类感官的知觉并不是人类学上的某种常数,而是随着时间的流逝而变化的;艺术的功能之一便是在变化着的现实中发现经验的新类型,或者是对变化着的现实提出不同的解决方法。而20世纪的艺术是对一个技术化了的世界的挑战的回答。

在历史的论证中,感受的审美经验也展示了它的组成结构与迄今为止所取得的成就。与解释学的理解与认知、接受与解释的基本现象学相对应,感受的审美经验分成两个层次。前反思的审美经验的期待指向日常经验之外的东西;审美经验的反思层次使人们自觉地扮演旁观者的角色,从审美游戏的角度来欣赏和理解他所认识到的或与自身有关的真实生活情境。

姚斯这样概括接受方面的审美经验的成就:它把我们带进其他的想象世界,由此适时地突破了时间的藩篱;它预期未来的经验,由此揭示出可能的行动范围;它使人们能够认识过去的或者被压抑的事情,由此使人们既能保持奇妙的旁观者的角色距离,又能与他们应该或希望成为的人们作游戏式认同;它使我们得以享受生活中可能无法获得或者难以享有的乐趣;它为幼稚的模仿以及在自由选择的竞赛中所采用的各种情境和角色提供了具有典型性的参照系。最后,在与角色和情境相脱离的情况下,审美经验还提供机会使我们认识到,一个人自我的实现是一种审美教育过程。

净化指的是当人们受到讲演或者文学作品激励时他们自己的情感所产生的快乐,这种快乐能够在接受者身上造成信仰的变化和思想的解放。这一被姚斯用来阐述审美经验交流理论的概念直接取自亚里士多德的净化理论。正如柏拉图关于模仿的概念要求有一种想象行为以产生模仿的模仿一样,亚里士多德的净化概念也以虚构一个或为真实或为可能的客体为先决条件。一方面,虚构的想象之物保持着现实所具有的力量,能够唤起我们的激情,在我们内心引起震荡;另一方面,虚构保证了其结果又不表现为任何真实之物,它所激发出来的感情能够作自身消耗,接受者的感情由此得以纯

---

① 〔德〕汉斯·罗伯特·耀斯:《审美经验和文学解释学》,上海:上海译文出版社1997年版,第93页。

化和净化。虚构这一柏拉图本体论上的缺陷在亚里士多德这里转变成了净化论审美经验的优点,创造出了审美经验特有的无功利性的兴趣。

对亚里士多德来说,正是悲剧的想象性对象、悲剧的远离实际生活目的的情节,才使观众得到自由,从而在与主人公的认同中,他的感情比在日常生活中更能无拘无束地激发出来,并能更完全地消耗自身。因此作为实际生活行为的对立面的净化和观众与悲剧主人公的认同,这两者之间并不存在任何矛盾。不如说,净化包含着认同的要求和行为的模式,它是一个交流的框架。在这个框架中,被感情所激起而获得解放的想象力就在这里开展活动。

五、认同的模型理论

姚斯始终没有忘记自己对审美经验的研究是直接立基于和阿多尔诺的论战。由于阿多尔诺拒绝了交流,他的理论留下了一些盲点,无法解释审美经验的一些关键现象。审美认同便是其中之一。姚斯通过对亚里士多德净化理论的分析,总结出了认同包含在净化之中的交流框架,无疑又为他在论辩中赢得了净胜分。

姚斯认为,审美认同是在获得审美自由的观察者和他的非现实的客体之间的来回运动中发生的,在这一运动中,处于审美享受中的主体可以采取各种各样的态度,诸如惊讶、羡慕、疏远,等等,从而形成各种模式。最初,姚斯仅仅从心理学的角度对认同作了粗略的区分。他认为,人们求异的心理趋势使接受者倾向于寻求似乎高于或者低于社会的东西,此外还有游离社会之外的东西。人们因此对三种类型的文学角色表现出了偏爱:骑士、小丑和牧人,由此产生了文学传统中三种重要的类型:英雄式的、流浪汉式的和田园式的。它们分别植根于审美经验向上、向下和向近旁这三个方向的认同模式。

在这种初步的思考中表现出来的对文学类型的关注,直接导致了姚斯后来对诺斯罗普·弗赖依(Northrop Frye)文学史模式的借鉴和改造。姚斯以弗赖依文学史五个时期的主人公类型为雏形,构造了接受者与作品主人公认同的五种模式,即联想式、钦慕式、同情式、净化式和反讽式认同。不过,弗赖依的历时模式被姚斯改成了共时的循环模式。因为姚斯发现,弗赖依历时描述的主角类型,几乎都共时地发生于每一个历史时期,同时并存而又相互竞争。而且,每一个接受者的审美态度都可能从一个认同层次转入其他的认同层次。姚斯以他一贯明显区别于阿多尔诺的细致态度注意到,艺术的相互对立的解放和保守这两种作用,并没有穷尽审美经验的全部领域。在打破规范和实现规范这两种不同的功能之间,存在着视野的逐渐变化,有着多种被忽视了的、艺术可能发挥的社会效果。姚斯希望用他构筑的理论模式尽可能包括这些功能。姚斯也意识到与主人公的认同并没有穷尽审美认同的诸多可能性,比如抒情诗的审美经验就是以与其他有关形象或者与一个典型情景认同为特征。但是主人公的认同模式可以用作所有的认同交流模式的例示。

审美经验的双重特性同样也表现在审美认同中,因为审美认同是一种非常敏感的平衡状态,在这种状态下,距离太大或是距离太小都会变成与所描绘的人物的无兴趣分离,或者导致在情感上与这一人物形象的融合。认同既可以在导致净化的过程中,使观众与某个典范行为进行自由的、符合道德规范的认同,也可能让他停留在单纯的好奇状态中,最后,通过他的情感认同,审美经验能够把他吸引到受别人控制的集体行为中。因此,每一种具体的净化模式都拥有各自积极的和退化的表现方式。

联想式认同指的是接受者通过在某一戏剧行为的封闭的想象世界里充当某一角色而十分清楚地实现自身的那种审美行为。作为生活实践的对立面,它中断了单一的时空经验,构筑起一个多样化的戏剧世界而与日常目的和需求的世界相对立。人们经历这样一种联想是从工作和有目的的行为中获得解放。联想式认同创造社会的功能有赖于游戏者在游戏中采取某些态度并学习某些交流模式,而这些模式将主导社会生活。简言之,审美经验将从游戏中流溢而出,转变为社会习俗。但联想式认同也有堕入祭祀式活动的危险,从最初是自由的审美态度转向为集体同一性的奴役状态,从而被利用来粉饰统治关系,美化社会秩序。

钦慕式认同要求审美客体通过自身的完美来超越期望,朝着理想化的方向发展,从而激起惊讶,引起接受者对榜样的仿效。钦慕式认同把历史上不断增长的个人楷模加以浓缩,将它们一代一代传下去。就这种意义来说,钦慕式认同由于其审美的力量而具有别种活动难以比拟的作用。西方文学自中世纪以来流传下来的两种英雄类型满足了钦慕式认同的双重需要:史诗的或传说中的英雄满足了人们集体回忆辉煌的历史业绩的需要,这种辉煌的业绩美化了日常现实;神话和小说中的英雄则满足了人们对于未听说过的事件的特殊兴趣,因为它满足了读者对罕见的冒险事件和完美爱情的企望,把读者带入日常现实之外的、能够满足人们愿望的世界。

审美客体的理想化实际上是一种制造距离的行为,因此,钦慕作为审美情感需要采取适中的态度,不能过近,亦不能太远。当史诗和神话中的英雄由于年代久远而失去了原先具有的创立规范的意义时,读者只对其传奇经历本身感兴趣,并且由于从主人公的爱情的实现中获得快感而感到满足,钦慕式认同就逐渐退化为通俗小说以其人所共知的伎俩所激起的自我肯定。现代大众传媒的梦幻工厂满足了人们对美好世界的要求,却抹杀了钦慕的认识距离,而为纷至沓来的刺激所淹没的观众会引发保持无动于衷的防御策略,从而导致良性交流的中断。

同情式认同经常与钦慕式认同相连续。钦慕式认同的完美主人公的品行即是美德的化身,他创造出来的令人信服的奇迹展示了超人的力量。但是这种尽善尽美虽然不断地让观众受到激励去效法,产生高山仰止的情感,却很少能让人产生有朝一日能够企及的自信。因此,同情式认同中的不完美的主人公作为一个可以企及的楷模就有了取代那种不可企及的完美形象的理由。同情式认同是这样一个过程,它消除了钦慕的距离,并可在接受者心中激起一些情感,导致接受者与主人公的休戚相关。在历史上,同情式认同的戏剧使资产阶级的戏剧从当时占统治地位的古典主义的美学教条中摆脱出来,让戏剧从不真实的崇高中返回到日常现实的坚实基地上来,在观众和他们的同类主人公之间建立起一种平等关系。

同情式认同的倒退形式有二:一是向陈腐的钦慕式认同退化,把主人公加以神化,使之重新成为历史主义想象的陈列馆中的“伟人”;二是迫使主人公为已经建立起来的资产阶级社会的意识形态服务。

净化式认同就是被亚里士多德描述过的审美态度。它把观众从他的社会生活的切身利益和情感纠葛中解脱出来,把他置于遭受苦难和困扰的主人公的地位,使他的心灵与头脑获得解放。历史地说,正是由于有了净化式认同,审美经验才获得解放和独立。因为只有当观众有能力从直接的认同中解脱出来,才能对呈现在眼前的东西进行判断和思索。净化式认同的积极和堕落形式,直接与审美经验的真实性与非真实性相对应。

反讽式认同指的是这样一个审美接受层次:一种意料中的认同呈现在接受者面前,只是为了供人们拒绝和反讽。反讽式认同在历史上就有不同的表现形式,但作为先锋派艺术反对受人操纵的消费和思想意识形态的同化的抗议形式,它在二战以来占据着统治地位。但反讽式认同的退化模式也在现代文学中很快出现,通过商品化,先锋派艺术不断加速的过程使自己进入了生产、唤起的需求和消费的循环中;对已经被激发起来的接受者来说,具有轰动效应的革新、令人厌恶的疏远和令人恼火的含糊不清,很快就转变成了新的接受习惯。而极端的试验性艺术提出的解读作品的过高要求,又常常打消了接受者的剩余兴趣,尽管对于人们要求读者参与创造过程的企望,这种兴趣是必不可少的。因此,拒绝认同的反讽本身也露出了反讽的意味;继“主人公死亡”和“作者退出”之后,接受者能够摆脱自己死亡的恐惧的唯一办法就是,用一种讽喻的想法,相信死亡的意义就是将来的复活,主人公、作者和接受者将共享这种复活。姚斯对否定性美学真是穷追猛打,在此,还不忘对之嘲讽一番。

六、解释学主题的变奏和续写

综观姚斯的审美经验研究,首要的特点即是它与阿多尔诺理论的论战性,而姚斯论战的关键即在于用审美经验的双重性来取代阿多尔诺的否定肯定二分法。否定性是阿多尔诺理论的核心,而姚斯却成功地向我们展示了这样一个事实,几乎在阿多尔诺否定性出现的每一个地方,都存在着审美经验的双重性。一部倍遭阿多尔诺口诛笔伐的西方肯定性的艺术史,在姚斯的笔下却是否定和肯定呈现出钟摆式辩证运动的历史。在其中,审美经验的诡谲双面交替变幻,但其智胜规范的积极一面始终占据着主流的地位,因为审美经验的自由本性难以被任何阶级和个人所驾御。审美快感和享受并不像阿多尔诺所断言的,仅仅是现代文化产业的前提条件,是统治集团用以抚慰大众的迷幻剂,而是一段自崇高的开端不断衰落的历史的终点显现物，而且必将在审美经验重开交流之门的当代恢复它的源初含义。

与阿多尔诺悲观的艺术终结论相对，姚斯展示了审美经验的创作方面在实现创造性的人的理想方面所起到的重要作用，证明了审美经验的感受方面在把握人类的感受经验、创造新的感受形式方面所作的不懈努力。所有这些方面，在在都体现了姚斯以史实为依据的平正态度，与阿多尔诺偏激极端的先锋姿态形成了鲜明的对照。

也许，用姚斯关于经典作品在形成过程中的两次否定，可以类比阿多尔诺与姚斯的关系。阿多尔诺以其绝对的否定性，醒目地昭示了审美经验通常被人忽视的奴性的一面，完成了对现代文化产业的商业化和意识形态化的彻底的、不妥协的批判，从而客观上起到了整肃艺术史、为艺术史的发展清理道路的作用。而姚斯则对阿多尔诺的绝对否定作了第二次否定，在矫枉而不过正中，与艺术史的遗产达成再次和解，重新回到艺术史发展的正道中。不可否认，姚斯对阿多尔诺的否定并不能完全否弃后者的观点，但论战的目的恰恰不是最后不共戴天的一方压倒另一方，而是协同双方理论的穿透力，达成对历史真相的重构和揭示。

在论战中，无论是对审美经验理论的阐发，还是历史的追溯，姚斯在很大程度上都得力于一种历史的解释学。人们原先以为，伴随着文学史主题的消隐、期待视野的销声匿迹，姚斯的审美经验研究不得不偏离了解释学的主题。但实际上，这一看法显然属于多虑。在阐述艺术史中否定与肯定的辩证法时，姚斯就诉诸接受者期待视野的转变；审美经验的交流方面则对卷入交流的双方都有一种更新视野的解放作用。更重要的是，姚斯对审美享受历史的回顾，对审美经验的创作和感受方面的历史叙述，是姚斯以身说法，从自己的接受视野出发，对历史所作的重新建构，几乎可以看成是对姚斯在前期的接受美学中提倡的文学史模式的一种生动例示。可以说，姚斯的审美研究是对接受美学的解释学主题在审美经验领域的延续和变奏，确实是对接受美学研究的一种深化。

与前期的接受美学相比，姚斯的审美经验研究还表现出了从单纯强调接受者的决定作用，向强调交流的重心转移。姚斯觉得，阿多尔诺的否定性美学最令人不能容忍的，就是绝对的否定性完全阻断了交流。而他研究审美经验的主要目的之一，就是“沿着修辞学的传统追溯被忽略了的交流方面”[①]。从亚里士多德的理论中，姚斯抽绎出了净化包含着认同的交流框架，同时还以此为出发点，构筑了认同的模式理论。除此以外，姚斯还专门以喜剧主人公之逗人发笑为例，详细地探讨了文学接受和交流中的情感问题。

可以说，从接受美学走向交流研究是接受美学内部理路的必然发展，因为接受这一行为本身，就包含着人际之间的交往关系。随着姚斯的理论个性从前期开创新说的气势夺人，向后期的平和稳重的转变，悔其前期的只重一点、不及其余的轻率，而转为兼顾各方的细致，亦是自然之事。

但我们也不可否认，这种转变有感应时代风习的因素。在接受美学问世之后，各种交流理论风起云涌、蔚为大观。就连接受美学的另一理论代表伊泽尔的审美响应理论，也是直接立基于对文本与接受者的交流现象学之上的。姚斯的转变既是对理论内在理路的遵循，又是对时代潮流的顺应，是对接受美学的解释学主题的新的续写。

① 〔德〕汉斯·罗伯特·耀斯：《审美经验和文学解释学》，上海：上海译文出版社 1997 年版，第 35 页。

伊泽尔的审美响应理论

沃尔夫冈·伊泽尔(Wolfgang Iser, 1926—)与接受美学的创始人汉斯·罗伯特·姚斯(Hans Robert Jauss, 1921—)一起,被研究者合称为接受美学的双壁。他们两人在理论上双峰并峙、相互补充,共同营造了接受美学在20世纪60年代的繁荣局面,使接受美学在世界范围内造成了巨大的声势,形成了广泛的影响。但当研究者将目光探入接受美学内部,试图考察两人各自独特的理论建树时,就可以看到,两人的工作各有侧重,并各自在独特的美学维度上做出了重要的推进。

一、从现象学美学到文学交流现象学

众所周知,在接受美学领域中,姚斯属于开拓新纬度的宏观论者,而伊泽尔则专注于深刻推演的微观研究,长于在一方有限的领地中精雕细琢。对自己与姚斯理论性格的不同,伊泽尔具有相当的自觉,并在一切可能的场合反复申述。在专门为其著作《阅读行为》的中文版所撰的序中,伊泽尔开门见山地指出:"今天的所谓接受美学,其内部并不像这一名称本身所显示的那样一致。原则上说来,这一概念掩盖了两种不同的研究方向,虽然两者有着紧密的联系,但差异却是显而易见的。"[①]1989年,伊泽尔在韩国汉阳大

---

① 〔德〕伊泽尔:《接受美学的新发展》,载《文艺报》1988年6月11日。《阅读行为》即伊泽尔的代表著作 *The Act of Reading: A Theory of Aesthetic Response* 的中译本,金惠敏、张云鹏等四人译,长沙:湖南文艺出版社1991年版。这部著作至少有三个中译本,最早的一本为《审美过程研究——阅读活动:审美响应理论》,霍桂桓、李宝彦译,杨照明校,北京:中国人民大学出版社1988年版。另外一个译本为《阅读活动——审美反应理论》,金元浦、周宁译,北京:中国社会科学出版社1991年版。本文主要根据中国人民大学出版社译本。

学50年校庆发表主题演说的时候,再次表达了类似的观点。①

在伊泽尔看来,他与姚斯虽然同属于重视读者的新阐释学派,挣脱了传统阐释学探究作者本来意图的梦魇,但他们的侧重点各不相同。姚斯着重作品的接受,考察的是历史与现实的理解差异和互为问答,而他则强调文本对读者的作用,关注的是文本与读者相互作用的过程。接受和作用构成了接受美学的两大核心课题,也分别概括了姚斯和伊泽尔的研究方向。研究方向的不同,也决定了各自所运用的方法的差异。具体地说,前者强调历史学—社会学的方法,而后者则突出文本分析的方法。在此区分的基础上,伊泽尔将自己的接受美学研究称作作用美学或效应美学。

其实,伊泽尔与姚斯理论分野的根子早在他们各自的哲学基础中就已经埋下。如果说,姚斯创建文学史哲学更多地借重哲学阐释学的基本原则的话,那么,伊泽尔的作用美学则处处体现了现象学的方法和精神。而作为"精密科学"的现象学哲学之所以与美学发生联系,波兰著名的美学家罗曼·英伽登(Roman Ingarden, 1893—1970)功不可没。

英伽登曾是现象学哲学的创始人胡塞尔(Edmund Husserl, 1859—1938)的及门弟子。假如英伽登对其师胡塞尔亦步亦趋的话,也许现象学美学界就会少了一位卓有建树的大师了,因为胡塞尔的先验现象学尽管以"意向性"概念为核心,强调意识主体与被意识客体之间的关系结构的意向方式问题,但对于被意识意指的客体对象,胡塞尔却主张通过"悬搁"的方式将其变相否认。在这一点上,英伽登与他的老师发生了分歧,他坚持认为世界的实在性不可回避,而物质客体独立于认识主体之外仍然存在。由此,英伽登确立了自己不同于胡塞尔的研究路向:运用现象学的方法,对意向性对象保持持续地关注。

在英伽登看来,存在着两种意向性对象:一种为认知行为的意向性对象,包括客观实在的物质对象和数学等观念性对象,这种意向性对象与人的认知意向相对应,具有一种独立于认识主体的"自足性";另一种为纯意向性对象,主要指艺术品,它们与人的鉴赏、审美意向相对应,有一部分基本属性是客观存在的,但有一些属性需要由鉴赏主体来补充,因而是不自足的。

---

① 〔德〕伊泽尔:《读者反应批评的回顾》,载《上海文论》1992年第2期。

英伽登的本意是想把文学的艺术作品这一纯意向性对象作为解剖的标本，借以究明意向性对象的存在方式和基本结构，但不意就此成就了现象学美学的艺术本体论。

1931 年，英伽登在《文学的艺术作品》(*The Literary Work of Art*)一书中分析了文学作品的四个基本层次，并提出了文学作品的“形而上质”问题。1937 年，英伽登又推出了《文学艺术作品的认识》(*The Cognition of the Literary Work of Art*)一书，集中展示文学作品这一“不自足”的纯意向性对象，是如何被欣赏主体具体化和认识的。

英伽登在这两部著作中所提出的一些核心概念如“图式化结构”、“未定点”和“具体化”等等，都深刻地影响了伊泽尔的接受美学理论，但伊泽尔的独特之处在于，他接受英伽登的影响时借助了交流的模式。

在伊泽尔之前，很早就曾有人表达过类似于英伽登区分文学作品和作品的具体化的思想。结构主义者穆卡洛夫斯基认为，作者的产品只是以物质形式摆在读者面前的文物标记，只有转变成接受者意识中举足轻重的文物，作品才转化为审美客体。但只有伊泽尔在作品和审美客体之间套用了交流的模式，从而系统地发展了他的作用美学理论。

伊泽尔是这样概括他的交流模式的：文学作品有艺术和审美两极，艺术一极是作者的文本，审美一极则通过读者的阅读而实现。作品本身既有别于文本，又不同于文本的具体化，而处于两者之间的某一点，是两者在交流的过程中相互作用的结果。

这是反复出现在伊泽尔著作中的主题旋律，再加上作用美学的立场，就显露了伊泽尔文本理论的大致轮廓。伊泽尔将之概括为文学研究必须关注的三个基本问题：一、驾驭接受活动的文本结构是什么？二、作品的文本是如何被接受的？三、文学作品的文本在其与现实世界的关联中具有何种功能？

这三个问题具有很强的辐射性，它们涵盖了自文本表现作者观照的产生过程始，经读者体验文本的实现过程，直至文本赋予接受主体以发现功能、接受主体获得更新提高为止这样一个完整的动力过程。考察这一过程的交流实质，追索这一过程的现象显现，是伊泽尔不遗余力而为之的事情。

二、追索文本的动力全程

在《审美过程研究——阅读活动:审美响应理论》中,伊泽尔为了统摄文本与读者交流活动的全程,特意创造了一个概念——"隐含的读者",作为理论的核心和灵魂。这个概念具有两方面基本的、相互联系的含义:作为一种文本结构的读者角色和作为一种构造活动的读者角色。

就前者而言,每一部作品都表现了作者收集起来的世界观点,作者在将这些观点构筑成独特的艺术世界的过程中,体现了自己的意向视野,而这个意向视野对于读者来说必然具有一定的陌生性。因此,文本必须给读者造成一个立场和优势点,使他从这点出发能够观察文本世界,进行陌生东西的具体化。这个优势点只能由文本所组成的各种各样的视野——叙述者视野、人物视野、情节视野、虚构的读者视野等等提供。这些视野为读者提供各不相同的出发点,它们持续不断地相互作用,就造成了读者在阅读过程中不断占据变幻的优势点,从而把多种多样的视野填充到一个不断展开的模式之中。这样,多种视野就在一个普通相遇处汇聚到一起,这个普通相遇处即文本意义。

由此可见,文本结构的读者角色由三种基本内容组成:在文本中表现出来的不同视野、读者综合这些视野所由之出发的优势点,以及这些视野汇聚到一起的相遇处。

但是,文本给定视野的汇聚及最后相遇并没有通过文本语言系统表现出来,它只能靠读者来想象。在这里,构造活动的读者角色开始发挥作用。文本的指令激发出读者的心理意象,这些心理意象又把生命赋予文本通过语言暗示的、没有明确表达的东西。这样,读者在阅读过程中必然会形成一个心理意象系列。因为文本持续不断地提供新的指令,这不仅引起读者已经构成的意象被取代,而且也产生了一种不断变换位置的优势点。因此,读者的优势点和视野的相遇处在他的观念化的过程中相互联系起来,所以读者必然会被吸引到文本的世界中去。

文本结构与构造活动的读者角色共同构成了一个由文本引起、读者响应的结构组成的网络,两者之间的关系和意向与实现的关系大致相同。正如霍拉勃(Robert C. Holub)所指出的那样,隐含的读者既被解释成一种文本条件,又被解释成一种意义产生的过程,“称其为‘读者’如果不是错误,也毫无意义”。它更像“一种‘超验范型’,也可叫做‘现象学的读者’,体现着所有那些文学作品实现自己的作用所必不可少的先决条件”①。伊泽尔就是以这样一个概念的两个含义表明一个文学交流的基本立场:文本预设了读者的实现活动,而读者能动的活动促使文本的完成。用萨特(Jean Paul Sartre, 1905—1980)的话说就是:“所有事情都由读者来做,然而所有的事情都已经由作品做好了。”②

隐含读者的“意向”部分体现在文学交流的艺术极亦即文本之中。文本在伊泽尔的理论中是作为一套引起并预设文学交流活动的指令而存在的,它的功能依靠“剧目”和“策略”共同完成。

剧目即存在于文本之中的所有为读者所熟悉的成分,具体地说,包括“社会规范”和“文学引喻”。剧目的确定性为文本和读者之间提供一个相遇点;但交流总是要承担传达某种新东西的任务,人们熟悉的领域之所以引人入胜,仅仅是因为它将把读者引入一个不熟悉的方面之中。为了表现新东西,剧目在一种悬置现存规范有效性的状态中表现这些规范,这样就把文学文本转化为一种介于过去和未来之间的中间点。

这种悬置就是重新整理。通过整理,文学剧目往往勾勒出现实的缺陷,从而将人们的注意力吸引到文学对现实的反作用的历史效果上。概而言之,剧目具有双重功能:“它重整众所熟悉的图式,以形成交流过程的背景;它提供一个普遍的构架,文本的信息和意义从中得到组织。”③

这种组织工作的完成则有待于策略。策略就是隐藏在文本技巧下面的深层结构,它的任务是组织文本的具体化,为文本和读者提供相遇点。

策略的基本结构是由剧目选择的组成部分产生。规范一旦被搬出最初

---

① 〔美〕R.C.霍拉勃:《接受理论》,见《接受美学与接受理论》,沈阳:辽宁人民出版社1987年版,第368—369页。

② 〔德〕伊泽尔:《审美过程研究——阅读活动:审美响应理论》,北京:中国人民大学出版社1988年版,第166页。

③ 〔美〕R.C.霍拉勃:《接受理论》,见《接受美学与接受理论》,沈阳:辽宁人民出版社1987年版,第371页。

语境移植到文本中，新意义就突出出来，但与此同时，它后面还拖着它的最初语境。这样，被选择的规范与其最初的语境就构成了“前景—背景”关系。前景对照着背景，方能显现出它的新形式。

但这种选择原则只构成了作品的外在参照网络，策略的主要任务是将文本选择出来的成分联合起来，给读者组织预先决定将由读者实现的审美客体形态的内在参照网络。伊泽尔借用“主题”和“视界”这对术语来描述这个过程。被策略联合起来的是视野（前文中的四个视野）的整个系统。由于读者在任何时刻都只能接受一个视野，这个视野就构成了这一时刻的主题，但这个主题总是处在由此前为读者提供过主题的视野片段组成的视界面前，当主题提供关于预期客体的具体见解的时候，它同时也展示了其他视野的观点。主题和视界这个基本联合法则持续不断地交织、转变，就导致了审美客体的最终实现。

在文本中，“前景—背景”的选择功能和“主题—视界”的综合作用决定了文本与现实的关系。前者借助选择行为解构现实的既定秩序，对现实进行干预，而后者则通过综合重组现实，对现实实行超越。因此之故，文本既来自现实，又独立自足。

文本为审美客体的建立提供了可能，但审美客体的最后实现还有赖于读者对文本进行处理。读者的阅读即相当于隐含读者的“实现”。

由于文本不能像雕塑一样被读者一次感知，读者只能依靠“游移视点”在必须理解的文本之内移动。游移视点的基本结构就是连续的句子相互作用的现象学过程。在现象学看来，每一个句子都是意向性物体，它总是向外指向一个关联物，而个别句子的语义指示物总是意味着某种期待（或叫绵延），并且这种结构为所有意向性句子相关物内在固有，所以，句子之间相互作用会导致期望连续不断地互相修改，这就是游移视点的基本结构。

在这样做的过程中，它们对已经读过的句子自然而然地产生一种回溯影响，使后者看起来和以前完全不同。不仅如此，已经被读者压缩为一种背景的东西也不断地被唤起、修改，这就导致了读者对过去综合的重新建构，这个过程又展示了阅读的基本解释学结构：每一个语句相关物都包含了一个人们称之为“空壳”的部分，它期待着下一个句子相关物的到来；还包含了一个回溯部分，它回答前一个句子（现在这个句子已经变成读者记忆背景中的一部分)的期望。这样,阅读的每一时刻都是保持与绵延的辩证统一。

但上述的情况是最理想的。在实际阅读中,句子组成的系列无论如何也形不成保持和绵延之间顺利的相互作用,存在着"脱漏",因此需要文本调节。就文本调节这个过程的角度看,脱漏具有一种非常重要的功能,它可以使句子相关物发动起来,形成相互对立,这在阅读过程中发生,是许多聚焦和重新聚焦过程中的典型。

由于绵延和回溯其实又涉及时间流中的双向影响问题,因此,在读者阅读过程的时间流中,过去和未来连续不断地汇集到现在的阅读时刻中。游移视点的综合过程使文本能够作为一个永远可供读者消费的联系网络,自始至终通过读者心灵,这也为阅读的时间尺度增加了空间尺度。因为观点的积累和联合给我们提供了有关深度和广度的幻象,因此我们得到了这样一种印象——我们实际上处在一个真实的世界中。

此外,游移视点还有一个重要特征,即回溯活动不仅直接唤起它的前者,而且还常常唤起已经深深地沉到过去之中的其他视野方面。当读者沉入这种状态的时候,他不是孤零零地把它从记忆的深处唤起,而是把它嵌入一种特定的语境中和语境一起回忆起来,即是一种超越了文本的统觉。它同样也给文本视野提供刺激,使文本视野具体化。由于这个统觉是严格地取决于具体读者的主观因素:记忆、兴趣、注意力以及心理接受能力,因此,刺激性视野与被刺激性视野由于互相观察而组成的潜在网络就给读者的多种选择提供了基础。

需要说明的是,游移视点的活动并不是在译解字母或者解释语词,因为根据心理语言学的实验,人们理解文本必须取决于完形集合体。游移视点通过识破文本符号中某种潜在相互联系,在对应的读者心灵中建立连贯性。建立连贯性的第一个阶段是建立文本的"感性内容"。感性内容把文本的语言符号、它们的含义、它们的相互影响,以及读者的识别活动都联系在一起。文本通过感性内容才开始在读者的意识中作为一个完形而存在,但这只是最初的、开放的完形。

第二个阶段是读者选择一个完形以封闭第一个完形。换言之,第一阶段是情节的完形,但情节本身不是结果,它总是为意义服务,因而第二阶段是意味的完形。在情节层次上存在一种高层次的、能为多数人理解的交感，但是，读者在意味的层次上却必须做出有选择的决定。这种选择将取决于读者的个人倾向和经验，但这种选择是主观而不任意的。它之所以是主观的，是由于读者只有选择一种可能性而排斥其他可能性，完形才能得到封闭。不任意是由于两个层次上的完形类型相互依赖，各种封闭的选择仍然保持着有效的能为大多数人理解的结构。

建构连贯性把所有不能纳入当下阅读时刻的完形中去的那些成分拖在后面，但是，留在边缘地带的可能性并没有消失，它们永远存在并将它们的影子投射到曾经驱逐过它们的完形上。在这里，前景—背景关系再次发挥作用。

在建构完形中，我们实际上被卷入到我们造成的事件中去，而同时，被排斥的可能性又造成一种张力，将我们悬置在完全介入与潜在超脱之间的一种状态之中。读者正是在这种卷入文本和观赏文本之间持续不断的犹豫不决中，把文本作为一个活生生的事件来体验，从而把文本意义作为一种现实而赋予生命，因为事件体现了现实的本质——发生。

卷入是读者体验的条件。当读者出现在自己造成的事件中时，事件必然对读者产生影响。对我们来说，文本越“现在”，我们的习惯本身就越向“过去”消退，但读者旧有的经验仍然存在，它通过被迫面对新的情况而得到重新构造，读者新、旧经验之间的相互作用造成了读者对文本的接受。

与此同时，在我们的意识下还进行着意象的建构活动。如果说，游移视点是将文本分解开来的话，那么意象的建构就是将分解开来的东西重新综合起来，因为这种综合是前意识的观念化，所以又称“被动的综合”。

建构意象从文本图式开始，它是一种辩证的否定过程。读者先在图式中读出文本通过文字暗示的、一系列未经表述的方面，将之集结起来，然后超越它，让它充分显现出这些方面的意味。起否定作用的即剧目潜在的具有破坏性的不规则组合。因此，意象的组成有两个要素：“主题”和“意味”，主题是当文本剧目引起的知识变得可疑时，通过唤起读者的注意力建立起来的。由于这种主题是关于另一种东西的符号，读者填补其中的空洞就显现出了意味。在这种过程中，想象性客体的建立呈现空间化的特点，但意象的建构是复合的活动，它在很大程度上也依赖于阅读过程中的时间轴。由意象建立起来的想象性客体构成了一个系列,这个系列延伸不断地揭示沿着这条时间轴而来的各种想象性客体之间的矛盾和悬殊差别,我们被迫对其调和、综合,这种滚雪球效应就构成了文本意义。

文本的意义只有在阅读主体那里才能得到实现,在建构意义的过程中,读者自己也得到建构,“被动综合”的全部意味正在于此。那么,对于读者究竟发生了什么呢?

由于读者在阅读作品时所思考的显然是不完全属于他自己的思想,所以读者内心必然有一个与之对应的主体。这样,对于所有认识和感知来说都不可缺少的主—客体区分消失了。读者被作者的思想征服了,将他自己固有的个人经验驱逐到过去中去。但是这些思想仍然在读者自身中起背景作用,策略的“前景—背景”关系又一次在这里发生作用,作者的思想相对于读者与之相应的倾向性侧面而呈现出作品的主题。由此可见,当我们吸收异己思想时,它们必然对我们的经验具有反作用。

从另一侧面看,当主体将自己的经验放逐以后,他就不得不重新经历一个事件,在一种体验转化的感觉中,主体与他自身分裂。这种分裂形成的张力就标志着读者感动的程度,这种感动激发了主体重新获得它在被迫与自身分开的过程中失去的追求连贯性的愿望。但这并不意味着单纯对过去倾向性的唤醒,而是激发主体的多种自发性,这种自发性代表着阅读主体的多种阅读态度,它们能够调和目前文本经验与他固有的过去经验储备,这就揭示出了一直隐藏在阴影中的读者人格的一个层次,即文学活动激活了他心灵中的一个内在世界。因此,文本意义的构成不仅意味着读者从相互作用的文本视野中创造逐渐显现出来的意义整体,而且还意味着系统表述我们自己,从而发现一个内在的、我们迄今为止一直没有发现的世界。

伊泽尔是把文本和读者视作交流过程中分立的两极,那么,引发交流发生并对交流过程实行控制的动力和机制何在呢?伊泽尔是在文学交流与人际交流的类比中寻求答案的。现代交流理论认为,人际交流起源于人们之间体验的相互不可见性。任何人无法体验他人对自己的体验,这一事实产生了对诠释的基本要求,从而引起交流。这一促发交流的原始动力无法用任何介于两者之间的名称来命名,它只能被称作“非物”(no-thing)。

伊泽尔发现,与人际交流的体验鸿沟相似,文学交流亦存在着不对称性。它具体表现在两个方面：首先，文学阅读不具有面对面的情形，文本不可能调整自己，去适应所有它所接触的读者，读者亦不可能向文本发问，以核对自己对它的理解是否准确。其次，文本与读者不像人际交流的双方具有共同的服务目的，因而也缺少由这一目的而带来的共有情境和参照系作为调节。同样，正如"非物"构成了人际交流的基础一样，不对称性也成了文学交流的基本诱因。伊泽尔将这一诱因叫做空白（blank）。之所以如此命名，是因为它酷似非物，亦具有不易捉摸的秉性：它通过文本得以实施作用，然而并不存在于文本之中。

在伊泽尔的文本理论中，空白出现在文本的各个层次，具有多种表现形式。它可以表现为情节线索的突然中断，情节朝着始料未及的方向发展以后，留下缺失的环节就形成了空白；它亦可以表现为各图景片段间的"脱漏"，脱漏可以引起纷乱的聚焦与重新聚焦的过程，其中那些退处背景的片段就形成了空白的另一种变体"空缺"。无论是空白抑或空缺，都是文本对读者发出的具体化的无言邀请。空白的第三种表现形式即否定，它既包括文本通过重整剧目否定现存的秩序和规范，也包括读者唤起熟悉的主题和形式，然后对之加以否定。

"空白""空缺"和"否定"合称否定性，它们共同组成文本的召唤结构，引导交流的动力过程。在此当中，隐与显、表露与掩盖之间表现出一种既互相控制又互相扩展的辩证法："隐含东西引发读者的思维行动，这一行动又受显露部分的控制。隐含部分揭示以后，外显部分也随之得到改造。一旦读者弥合了空隙，交流便即刻发生。空隙的功能就像是一个枢轴，整个文本——读者的关系都围绕着它转动。"①伊泽尔的隐显辩证法实际上已经比它的先驱英伽登的具体化理论进步了，倒是俄狄卡很早就窥出了这一辩证法的端倪：当读者的积极参与使图式化结构显示出具体形象的时候，作品的原有结构也已经获得了一种全新的特性。

---

① 〔德〕伊泽尔：《文本与读者的相互作用》，见张廷琛编：《接受理论》，成都：四川文艺出版社 1989 年版，第 50—51 页。

三、审美响应理论的特点与缺失

综览伊泽尔的审美响应理论,稍加留意,就会发现伊泽尔的体系具有很强的向心性。无论是文本极的剧目选择和策略组织,还是读者极的游移视点的分解和意象的综合,抑或是交流条件部分的空白和否定,最终无一不指向一个目的:审美客体在读者心灵中的建立。也就是说,审美客体也分别是各个二分部分的共同旨归。如果我们再将文本和读者分别逆接在"隐含的读者"这一概念的两方面含义之下,再在这两方面含义的同一层次平行虚接上交流条件,将这一部分也附属于"隐含的读者"的麾下,我们就会依稀窥见黑格尔庞大的三段论体系的影子。

尤其让人惊奇的是,与黑格尔的"绝对理念"一样,作为三段论体系的基石"隐含的读者"也是虚设的,因此审美响应理论从之出发以后,就再也没有回头。仅仅从字面上赋义,"隐含的读者"并不是非此不可的。但它与黑格尔的绝对理念以信念为基石不同,"隐含的读者"实际上就是对整个交流过程现象的描述和整体的把握,因而,它的虚设最终还是落在了实处。

伊泽尔的高明之处在于赋予一个概念以流动不居的内涵,从而使概念多了一分灵动。这同样也体现在"空白"这个概念上。在伊泽尔手下,空白既存在于情节层次上,也存在于主题与视野层次上;既可以形成张力,也可以因空白得到填补而张力消失。在这里,传统的对概念的严格界定不见了,代之以概念的分身法。针对特殊的对象,在一个有限的范围内,这种分身法未尝不是一种创新,但创新在构成了伊泽尔理论之树的亭亭华盖的同时,也难免成为最招风之处。

伊泽尔理论的第二个特点体现在研究视野的转移上。伊泽尔的审美响应理论是针对传统解释规范的失效而提出的。传统解释规范将艺术品作为体现真实的完美形式,常常试图挖掘出作品背后的意义,以期找到蕴含文本真实意义的"次文本"。这种做法犹如将作品吸干以后,再将文本当作"空壳"扔掉,从某种程度上说是对作品的损害。

在伊泽尔看来,现代生活的多样性已经使艺术对真实的表现显得力不从心,而现代艺术则从实践上否定了"译解作品"的可能,如果将传统解释规范用于解释非古典作品，非古典作品就会无一幸免地成为颓废的产物。在有效地解释艺术作品这一功能方面，传统的解释规范已经日暮途穷，出现了深刻的理论断层，而伊泽尔的理论正是努力跨越这一断层。

如果说伊泽尔的理论生发点有什么新奇之处的话，那就是研究视野的转移。传统解释学关注以“艺术是什么”为核心的艺术本体，因此着重点是文本，而伊泽尔则主张以功能论取代本体论，因此将注意点转移到了读者，揭示文本与读者的交流过程，在此当中，尤其着重考察通过读者的阅读，文本对读者产生了怎么样的影响和效应，而这种转移显然突出体现了接受美学的原则。

伊泽尔的理论还突出体现了现象学的精神。响应理论并不是对解释的彻底摒弃，而是在解释背后再追问为什么，寻找海德格尔所谓的“更源初”的解释。伊泽尔自己这样宣称：“审美响应理论的任务之一，是使对文本的各种解释更容易为大多数人所理解。”①这一任务的出色完成是以现象学的描述方法为保证的。现象学的方法强调的就是回溯本源，将复杂纷纭的现象放在括弧里悬搁起来，让最纯粹的东西显现出来，所以它的解释都是发生学意义上的，因而也是最源初的。

伊泽尔的论述过程典型地体现了现象学描述的特点：以描述始，以解释终。描述本身是为了解释，而解释就存在于描述之中。如果说，游移视点的结构还是描述，但到它的特征已明显地变成了解释具体的读者多种实现文本的基础；如果说建构连贯性的两个阶段本身是较纯粹的描述，但它同时也对读者实现文本的主观性和合理性作了进一步解释；脱漏的论述是描述，文本给读者带来的真实幻觉又是解释了，而建构连贯性对读者的悬置则完全是对幻觉真实形成的再次解释。对整个文学活动中的一系列现象进行再度解释，也许构成了伊泽尔审美响应理论最精彩的一部分。同时，游移视点的论述还体现了响应理论的另一特点：对同一现象，如真实的幻觉、多种实现文本的基础等，响应理论往往从不同的角度分别切入描述，最后殊途同归，理论的多解趋一性增强了解释的确证性。

---

① 〔德〕伊泽尔：《审美过程研究——阅读活动：审美响应理论》，北京：中国人民大学出版社1988年版，第3页。

以描述来完成解释,是人类智慧发展到一定阶段的产物。文学自产生之日起,就变成了一个打乱的魔方,人类对自己这个神奇的创造物迷惑不解。人们给它作了种种界说,借用它与外界事物的关系试图触摸它,虽然有几次撼动了一下铁门,但文学这个千古黑匣依然沉默着。审美响应理论引来现象学之光来朗照这一黑匣,使文学整个过程的运行机制历历在目,这无疑增加了几分条分缕析的透彻感。

正如伊泽尔自我宣称的那样,他所谓的再度解释其中还包括另一项题中应有之义,那就是对非古典艺术也即现代艺术做出合理的解释,这也是他的理论试图超越传统解释规范的地方。伊泽尔对庞杂深奥的现代文学作品进行读解的最经典范例,是他对乔依斯的《尤利西斯》所作的分析。

伊泽尔认为,《尤利西斯》充满了无休止的文学引喻(剧目),把从我们的现代工业社会之中抽取的多方面社会规范和文化规范包含在作品之中,而各章节之间风格又不断变换。读者出于理解的惯性在阅读过程中不断建立连贯性,但为了实现这一目的,他总得忽略许多东西,这些被忽略的部分又不断地对读者建立起来的连贯性进行轰炸。这样,文本与读者之间的交流本身成了作品的主题。乔依斯的目的就是要使读者体验现代生活的不确定节律,因为生活本身就是由一系列不断变化的模式组成。

作为一家之言的个案分析,伊泽尔的解读在某种程度上称得上精彩,但总的来说,这一个案经验并没有像伊泽尔若隐若现地暗示的那样可以依此类推,因为如果现代派的文本绞尽脑汁只是让人体验一下现代生活的不确定性,那么文学就失去了独特的价值;如果所有的现代作品只有一个共同的主题,那么它们汗牛充栋的存在就不会不引起人的怀疑。

汉内格雷·林克以理论家的敏锐,一眼就洞悉了这种分析方法的弊病所在:伊泽尔错误地将能指指认为所指。林克认为,现代作品中所表现的不确定性,仅仅是作者的策略,它本身需要读者解释来确定,而伊泽尔却将它当成作者的所指。这并不是无足轻重的倒置,两者之间的毫厘差别稍作演绎就可失之千里。作为能指的不确定性,经读者不同的解释,仍然可以保持开放的自由特性,而不确定性充当所指就成了众多解释九九归一的终极。这一终极不仅如前所示是不堪重负和虚假的,而且还与伊泽尔最原初的理论出发点相背。

特里·伊格尔顿(Terry Eagleton)最先觉出了其中的不对。他公正地指出,伊泽尔的接受理论是建立在自由的人道主义思想信念之上的,这一出发点比他的先驱英伽登要宽厚得多。形象地说,英伽登要求读者按照儿童画本涂颜料的方法,将作品图式结构中固有的空白处"正确"地具体化,实际上读者只拥有相当有限的自由,大致接近于文学勤杂工一类的角色,而伊泽尔则俨然像一位大度的雇主,允许读者与文本建立更大程度的合伙关系:不同的读者可以自由地按照不同的方式将作品具体化,没有一种可以用尽它在语义方面的潜力的独一无二的正确解释。

至此为止,这位雇主一直都是一副和善的样子,但转眼之间,他就拉长了脸,下了一条严格的指令:读者必须将文本理顺,使它内部保持一致。在这条指令的监督限制之下,于是就有了游移视点完形的二部曲,于是就表现出了将连贯性之外的不确定因素制服、冲淡,使之正常化的企图。一位标榜"多元论"出场的批评家竟然以如此独断的姿态收场,这是十分令人奇怪的。

伊格尔顿将之归咎于格式塔心理学的机能主义偏见:部分必须与整体协调一致。[①] 但伊格尔顿恰恰忽视了格式塔观点在伊泽尔的理论中仅仅处于宾从的地位,它有足够的威力将文本理论导入歧途吗?况且,完形理论本身有它的心理学依据,它之于伊泽尔,裨益多于损害。

伊泽尔的困境有着远为深远的理论渊源。众所周知,阅读过程,也就是意义的生成过程。关于意义的产生,历来有两种针锋相对的论点:客观主义坚持,每一部作品只有唯一正确并确定的意义,该意义往往与作者的意图吻合;而主观主义则认为,意义全然是个体读者头脑的产物。对主客双方各执一端的对立,接受美学的理论基础——伽达默尔的解释学和英伽登的现象学已经基本上成功地将之消泯了,因而接受美学大师也准备一如既往地走中间道路。

姚斯是这样做的,但马上就面临着难题:于主张意义在历史中生成的开放性和没有穷尽的同时,如何有效地防止陷入相对论的陷阱呢?他的对策

---

① 〔英〕特里·伊格尔顿:《文学原理引论》,北京:文化艺术出版社1987年版,第98—99页。

是提出在现实中汲取动力的问答逻辑的弹性调节。伊泽尔与姚斯殊途同归,他认为,文本的空白引导着意义的建立,但空白的排列和运作是有一定顺序的,因而限制了意义的主观随意性。

除去姚斯与伊泽尔两人理论的侧重点不同这一点不计,他们两人对意义生成问题的回答几乎是同质的,其实都有点含糊其辞:在不确定性外限以适度的确定性。那个要害的问题被延搁了,但依然未得以解决:在意义的生成中,如何掌握不确定性与确定性的精确比例?理想中的黄金分割点存在吗?

这大概就是伊泽尔喜怒无常的真正原因:自由主义的本性决定了,他对意义的生成信马由缰,失控的潜在恐惧又迫使他未临悬崖而勒马。这也从另一个角度说明了伊泽尔被人与姚斯合称接受美学双璧的原因:除了在奉行和贯彻接受美学的基本原则方面两人惊人地相似以外,连遭人诟病的缺陷也是先天孪生的。也正因为如此,他们理论的共同缺陷,在某种程度上也成了对后进理论家填补缺陷的某种"无言的邀请"。

四、伊泽尔的其他理论建树

研究者有个共同的感觉,那就是除了建构审美响应理论以外,伊泽尔其他的理论活动在基本框架上大同小异,具体观点也多有重复。1972 年,伊泽尔出版了他的一本论文集《隐含的读者:从班扬到贝克特的小说中的交流模式》(*The Implied Reader: Patterns of Communication in Prose Fiction from Bunyan to Beckett*)。从这一文集的题目就可以看出,这是伊泽尔将审美响应理论运用于具体的文学史研究,因为"隐含的读者"只是伊泽尔创造的一个现象学的"超验范型",内涵囊括了文本与读者交流的全程。从抽象理论的构造走向具体的批评实践,固然是文学理论发展的自然趋势,同时,它也见证了伊泽尔对"文学史"这一接受美学的理论"发祥地"的一次虔诚朝拜。

伊泽尔另一篇被文论界熟悉的理论文章为《走向文学人类学》[1]。严格

[1] 〔德〕伊泽尔:《走向文学人类学》,见拉尔夫·科恩主编:《文学理论的未来》,北京:中国社会科学出版社 1993 年版,第 275—300 页。

地说，这篇文章不足以成为推测伊泽尔本人研究方向演变的依据，因为它不是从伊泽尔的研究工作中自然生长出来的一篇文章，而是伊泽尔为美国学者拉尔夫·科恩(Ralph Cohen)主编的一部名为“文学理论的未来”的专题论文集而撰写的一篇命题作文。科恩邀集了当时欧美文论界近二十位顶尖代表人物，共同对20世纪90年代和21世纪欧美文论的框架、体系和功能的发展走向做出预测。这实际上成了欧美各主要文论派别的代表人物从各自独特的视角出发，对时代向文学理论提出的挑战作出的回应，从中当然可见每一位理论家面对危机和挑战时的独特姿态，以及他们一以贯之的理论倾向。在我看来，这篇文章只是又一次确证了伊泽尔现象学的方法和基本精神而已。

伊泽尔发现，文艺理论在20世纪最后20年里表现出了一个“极重大的变化倾向”，这就是“把得益于文学艺术的深刻见解扩展到整个宣传媒介”。面对这一似乎难以阻挡的潮流，当时身为理论先锋的伊泽尔毋宁采取了一种相对保守的姿态，对文学理论的越位持谨慎的不赞同态度。他认为，这种越位肯定会涉及“作为文化范例的文学文本假定的有效性”问题，而文学文本作为文化范例所提供的理论有效性并不能“包容大众媒介所表现的异质性”。面对这一超越文学文本的倾向，伊泽尔主张回到文学媒介本身，探索文学文本的人类学内涵。

所谓文学的人类学内涵，是来自于这样一种基本事实：“既然文学作为一种媒介差不多从有记录的时代伊始就伴随着我们，那么它的存在无疑符合某种人类学的需求。”基于这一基本事实，伊泽尔进一步追问：“这些需求是些什么，对于我们本身的人类学构成，这些媒介又将向我们揭示出什么？”伊泽尔认为，对这些问题的追问，“将导致一种文学人类学的产生”。

随着这种文学人类学的产生，文学理论将起到一种不同于以往的新作用。相对于以前文学理论主要为文学作品提供阐释的模式这一传统作用，以文学这一媒介为出发点的文学人类学将提出甚至领悟到这样一个问题：“我们为什么拥有这一媒介，我们为什么一直对其更新？”这种方式将最终使我们能够回答这类问题：“我们为什么需要虚构作品？”

在伊泽尔以创建文学人类学来回应超越文学文本这一似乎与时俱进的文艺理论新趋向的独特姿态中，至少有两点为我们所熟悉。伊泽尔的一系列追问一言以蔽之,实际上就是追问文学媒介的人类学功能。伊泽尔认为,当时的结构主义仍然在苦苦纠缠的“文学性”“诗学性”这一类“不实用”的概念,只是对艺术在难以继续自我确证时代的持续性本质的一种掩饰,因为文学本来就“不是自足的东西”,它“难以自我繁衍”,“它的本质是自身功能的结果”。这一点与我们所看到的伊泽尔研究视野从本体论向功能论的转变相契合。而伊泽尔进行这一系列追问的前提基础是,在大众传媒于文化领域内四处扩张的同时,回到文学媒介本身,这又简直是现象学“面向事物本身”这一核心原则的变体。

很显然,伊泽尔认同于将文学作品的本质特征界定为“虚构”这一文学理论的基本观念。在功能论视角的审视之下,伊泽尔论述了在文学文本中起作用的三种虚构性的潜在类型,它们分别由三种基本行为的相互作用构成。这三种行为包括:选择、合并以及自我揭示。伊泽尔对“选择”的论述极容易使人联想起审美响应理论中剧目的“前景—背景”结构对社会规范和文学隐喻的重新整理,而“合并”也非常类似于策略的“主题—视界”对审美客体的内在参照网络的联合功能,至于“自我揭示”,则来自于“选择”与“合并”所带来的以旧显新的效果。

伊泽尔所谓的文学人类学的一个基本主题,就是探索虚构与想象之间的相互作用方式。这也是文学人类学比较出人意表的一个特征。因为在一般人看来,文学的虚构性即在于想象,虚构与想象几乎是一种含义的两种不同表述,但伊泽尔却坚持把它们看作两种不同的性质。通过对文学理论中有关想象的观念史的细致考察,伊泽尔反复论证了这样一种观点:想象难以独立存在,“只有通过想象的功能并因而涉及它与周围的联系时”,才能把握到它。“想象依循其不同背景中的不同功能具有不同的形式”。而在文学背景中,正是虚构“为想象提供了一种呈确切的完形形式的媒介”。

文学人类学探索虚构与想象的关系,是因为这种关系直接关涉文学人类学的目标问题。从一开始,即便是标榜摹仿再现的文学艺术,其“再现所固有的倾向就是使不存在的事物得以出现”。伊泽尔指出,“为什么这一模式在我们整个历史进程中始终伴随着我们?答案无疑是,我们渴望接近以其他方式难以拥有的事物,而不是再现所存在的事物”。虚构与想象的相互作用显然为满足人类的这一渴望提供了必要的方式。

伊泽尔这样论述:“可以超越界限的虚构性首先是人类的一种扩展,这犹如意识的所有作用一样,这种扩展不过是一个指向除其本身之外的事物的指针。从根本上说,它缺乏内含,因而迫切需要加以充实,想象的潜能正是注入这种只有结构的真空之中,因为认知与知觉二者均难以形成的事物只能通过构思才能显示出来。没有想象,虚构就是空洞的,而没有虚构,想象就是散乱的。我们难以把握的事物正是从这二者的相互作用中得以显示的。”在伊泽尔的眼中,虚构和想象或许类似于意向性与意向对象的关系?

从功能论的角度,维护文学媒介研究的合法性,这或许就是伊泽尔倡导文学人类学的初衷,而伊泽尔对文学人类学的初步勾勒,却自始至终体现着现象学的基本方法,是对现象学精神的又一确证。

延续与转移
——美国读者反应批评与德国原旨接受美学的关系

美国的“读者反应批评”(Reader-Response Criticism)是一个宽泛的概念,它意指那些使用“读者”“阅读过程”以及“反应”这一类术语的批评家所集合而成的学术流派。根据这一界定,我们或许可以说,以姚斯、伊泽尔为主要代表的德国接受美学,为读者反应批评提供了群体借以形成、人马得以集结的理论大旗,它使得读者反应批评作为一个学派突显出来;另一方面,读者反应批评作为存在于德国域外的一个强大学派,又反过来壮大了接受美学在整个世界范围内的声势。两者可谓相得益彰。

就这种比较的意义而言,我们可以不甚精确地称德国的接受美学为原旨接受美学,它至少为我们确立了如下几条原则:奠立了读者在文本读解过程中的决定作用与地位;将文本意义的最后生成作为理论的最终旨归;把强调作品对读者的解放功能视作理论体系的重要组成部分。

但是,作为先行者的接受美学并没能最终完善、固定这些原则。尽管读者在原旨接受美学中所获得的崇高地位是前所未有的,但同样显而易见的是,读者作为原旨理论体系中极为重要的一项因素,仅仅是纯粹理论推导中的一环,是功能性的,因而也理所当然地失于笼统与抽象。姚斯和伊泽尔似乎都不约而同地暗示:作品的意义是文本与读者以某种合股的形式经营产生,但无论是姚斯还是伊泽尔,都显而易见地利用了时间和空间的广延性与模糊性而掩盖了这样一个问题,即如何精确地在文本与读者之间分配两者所占的股份?实际上,这一问题与另一个更本质的难题密切相关:姚斯与伊泽尔允诺的“红利”——意义本身就是无穷无尽、无法确定的,如何有效地限制意义无限繁殖增生以致最终陷入解释的随心所欲呢?原旨接受美学遗留下来的这些未竟任务,是任何关心接受美学理论发展的学者与流派无法回避的。也许,以此为参照点,我们可以更清楚地梳理美国读者反应批评的发展过程与理论思路,更准确地评价它的独特贡献。

一、从文学史哲学到实证批评

发读者反应批评先声的是美国女批评家路易丝·罗森布拉特(Louise Rosenblatt)。她继续波兰文论家英伽登的思路,提出文学沟通的概念,认为文学作品是通过作者与读者的沟通来实现的。作者竭力想通过作品中包含的那些有机联系的感觉和观念,表达自己的生活经验和世界观,读者要理解作品就要努力全面掌握那些感觉和观念,并从自己的本性出发对作品的因素进行新的综合和再创造。作品未经综合和再创造之前只是"文本存在",只有读者与文本结合的成果才堪称真正意义的文学作品。罗森布拉特的思想是美国读者反应批评的导引,但在30年代的美国,这俨然是空谷足音,应者寥寥。

直到历史揭开50年代这一页,读者反应批评才开始掀起一些波澜。1950年,沃克·吉布森(Walker Gibson)发表了《作者、说话者、读者和冒牌读者》("Authors, Speakers, Readers, and Mock Readers")一文。在该文中,吉布森比照人们已经习以为常的作者与说话者之分,将读者区别为真正的读者与冒牌读者。正如真正的作者令人感到迷惘和神秘,湮没于历史之中一样,真正的读者也混迹于芸芸众生,无法归纳、无法表达。相反,"说话者"是真实的,因为它"纯由语言组成,他的全部自我清楚地展现在我们眼前的书页上"①。同样,"冒牌读者"也是可以把握的,它是我们为了体验作品而按照语言的要求所采取的一套态度和品质。"冒牌读者"这一概念对人来说不教自会。事实上,每当我们翻开一本新作品的书页,并对书本中的语言世界做出反应之时,我们就踏上了一条新的冒险历程,充当作品中的冒牌读者。因为"冒牌读者"是"从杂乱无章的日常情感中简化、抽象出来的"人工制品,听人支配,所以它能够使读者的每一次阅读经验具体化。批评家如果

① 〔美〕沃克·吉布森:《作者、说话者、读者和冒牌读者》,见简·汤普金斯编:《读者反应批评》,北京:文化艺术出版社1989年版,第49页。

洞悉作品中说话者与冒牌读者之间的对话和问答,就可以了悟作者写作上的一些策略和手段。[①] 吉布森是从教学实践中提出"冒牌读者"理论的,他的努力扭转了美国文论的价值取向。在他之后,读者反应批评开始蔚为大观。

伊泽尔在《接受美学的新发展》一文中有这样的一段论述:"就严格的字面意义而言,接受研究所关注的是载于文字的阅读现象,故而它十分重视实例的分析。因为,这类实例展示了读者作为决定的因素,在本文接受过程中所持的立场,所做出的反应。"[②]这段话尤其适合于五、六十年代美国读者反应批评的全面实践时期。在这一时期,许多同吉布森一样从事第一线教学实践的学者,都已经普遍接受了这样一个信念:文学教学如果充分重视学生对作品的反应,就会更有成效。詹姆斯·R.斯夸尔(James R. Squire)以52名九年级和十年级的学生为实验对象,将学生在阅读一篇短篇小说过程中所说的任何话语都作为反应详细地记录下来,然后用统计学方法集中对记录进行分析。结果表明,读者反应中为数最多的是阐释类的陈述,其次是自我介入和文学评价的陈述。阐释的说服力一般与实验对象的智力和阅读能力无关,而自我介入的陈述与文学评价的陈述有着明显的相似之处,它们常常同时包括在一种反应之中。

9年之后,詹姆斯·R.威尔逊(James R. Wilson)用类似的方法继续研究,发现了一个令人震惊的事实:尽管有些反应是粗浅的或者含糊的,或者只抓住一鳞半爪,但是很难证明,这些阐释是由于没有看懂作品或者反应迟钝而造成的错误阐释。因而他不禁提出这样的疑问:正确解释的界限是什么?文学是一种"标准化的结构"吗?威尔逊认为,也许给阐释下一个有效的定义就可以绕过这些关键性难题,但是调查结果表明,对已获得的反应进行分析比运用种种衡量阐释准确性的标准更为重要。

威尔逊还解释了斯夸尔对于自我介入与评价判断之间的关系的观察结果。他推测说:"对于有效的阐释过程来说,最初的自我介入是必需的,大多数实验对象可能一开始只会关心与自己关系密切的问题。这就是说,阐

---

① 〔美〕沃克·吉布森:《作者、说话者、读者和冒牌读者》,见简·汤普金斯编:《读者反应批评》,北京:文化艺术出版社1989年版,第50页。

② 伊泽尔:《读者反应批评的回顾》,载《上海文论》1992年第2期。

释可能是处于第二位的论断性过程,最初的自我介入是不可缺少的。"①威尔逊与斯夸尔的研究成果基本上表达了这样一个重要结论:文学阐释是以反应为基础的,而反应是一种受个人动机支配的主观活动。

在实例分析取得可喜成绩的同时,这时期的理论探讨也有一定的推进。法裔学者迈克尔·里法泰尔(Michael Riffaterre)提出的意义理论引起学术界的震动。在他看来,作品的意义是读者对文本做出反应的一个作用,它必须依靠读者反应才能得到准确描述;读者反应是作品的意义出现在文本某一特定点的证明。里法泰尔的另一项重要贡献是"超级读者"概念的提出。"超级读者"意指从事理论的群体,包括作家、批评家、阐释家、学者等具有足够良好的文学素养、能够对作品做出恰当的反应的人们。里法泰尔坚信,仔细衡量语言在这一类反应者身上所起的效果,就能把文本意义剥离出来。对于意义生成的论争,里法泰尔将意义的所有权授于文本,但又将意义的剥离操作权赋予"超级读者"。

前期的读者反应批评已经表露出一些鲜明特征。与原旨接受美学相比,读者反应批评远离了姚斯的文学史哲学,而向伊泽尔的文本理论靠近。与之相应,读者反应批评也一改姚斯那种建构文学史哲学的纯学理面貌,更多地注重阅读反应的实例分析,即便是理论表述,也带有浓厚的实证意味。读者反应批评舍弃了原旨接受美学的一个重要主题——历史,但这一高昂的牺牲并非没有补偿。它从一开始就抄实践的捷径,直觉地规避了原旨接受美学所难以幸免的陷阱;读者反应批评的读者都是具体限定的,从吉布森的"冒牌读者",到里法泰尔的"超级读者",以及后来菲什的"有知识的读者"……形成了似乎永无止境、日臻完善的读者概念流。这些概念以活生生地阅读着并做出反应的读者主体,代替了姚斯、伊泽尔功能性的空洞读者,使读者的阅读经验都变得触手可及;至于意义的生成,尽管早期的读者反应研究基本上还停留在直观、零星的实例分析阶段,但他们从实践中直觉发出的质疑却具有撼动根基的力量:也许,姚斯、伊泽尔一直固执地以黄金分割般的完美股份共主意义沉浮的理想仅仅是幻想?也许,姚、伊沿着这条

---

① 〔美〕詹姆斯·R.威尔逊:《大学一年级学生对三部小说的阅读反应》,1966年,转引自简·汤普金斯编:《读者反应批评》,第227页。

海市蜃楼召引的道路已经走到了尽头,被荒榛和荆棘挡住了去路?也许,更明智的方法应该是改变方向、另辟蹊径?

二、多棱镜折射下的修正比

60年代末,姚斯和伊泽尔的出现,无论对德国原旨接受美学还是对美国读者反应批评来说,都具有里程碑的意义。尤其对后者而言,它从此深陷在原旨接受美学对它的影响的焦虑之中。但是,如果我们把70年代以后的美国文论界比做一支多棱镜,那我们就会看到,当德意志的太阳升起之后,其灼人的光焰透过这支多棱镜,就折射成如万花筒般绚丽多彩的彩虹。此时,各路人马均在读者反应批评的麾下集结,他们各显神通,创建、发展了读者反应批评研究的诸多模式。

现在宾州大学任职的法裔学者热拉尔·普兰斯(Gerald Prince)就是叙述学读者反应批评模式的代表人物。他的切入方法与吉布森颇为相似:既然真实的作者有一个真实的读者相对,那么虚构的叙述者就必然要对应着一个虚构的叙述接受者(Narratee)。然而,迄今为止,叙述接受者仍然是一个缺席者。普兰斯就准备从此空缺入手,致力于缺席者的在场显现。与吉布森的"冒牌读者"不同的是,"冒牌读者"虽是文本语言的虚构,但却由读者扮演,而叙述接受者只能依据叙述作品的暗示进行重构。

为了完成这一重构过程,普兰斯设立了一个操作的标准:零度叙述接受者。零度叙述接受者需要具备一些最低限度同时也是最纯粹的知识装备,除此之外,它既无个性,亦无社会特征,他只会逐页逐字地被动跟踪明确而具体的叙述,使自己熟悉所发生的事件。普兰斯认为,叙述接受者一旦偏离了零度叙述接受者,构成了差异,就显现了自己的形象。读者如果细心留意文本所暗示的差异,就可以探知叙述接受者的踪迹。

普兰斯认为,叙述接受者是一切叙述的最基本成分之一,"要是叙述类型学不仅以叙述者而且以叙述接受者为基础,那么它就更为严谨精确"①。

---

① 〔法〕热拉尔·普兰斯:《试论对叙述接受者的研究》,见简·汤普金斯编:《读者反应批评》,第75页。

普兰斯的一套是极为正规严格的叙述学的缜密操作,他的研究几乎给人以纯粹叙述学的错觉,但如果人们拥有了叙述学这把解剖刀,对叙述的结构肌理了如指掌,那么对意义在反应者心中生成的机制也就了然于胸了,这又是正宗的读者反应批评。

乔治·普莱的(Georges Poulet)"内在感受"(Experience of Interiority)说带着较明显的伊泽尔的影响痕迹。在普莱的理论中,阅读行为恰似一个按钮,它启动了两个方向互逆的相继升降过程:首先,书本从外在于人的物理性存在,上升为深入读者内心的意识,向读者袒露胸怀;紧接着,读者从拯救书本于物质静止状态的牢笼的解放者,下降为屈从于作品意识的俘虏。

当作品转化为意识闯入读者的脑子以后,读者的主体就发生了奇异的变化:一方面,它被租借给另一个人,以似乎是另一个人的方式思考着异已的思想,异己思想在读者脑子里找到了一个对应的主体;另一方面,尽管读者原本的主体受到了极大的限制,但仍然微末地存在着。结果,两个主体分享着读者一个意识。普莱的这一论述与伊泽尔的主体分裂理论如出一辙。所不同的是,伊泽尔的两个主体基本上旗鼓相当,因而当读者原本的主体吸收同化了新主体之后,解放功能的道德剧就完成了。然而在普莱这里,两个主体的力量悬殊如在霄壤。外来主体活跃而有力,占据显著地位;读者的自我意识只是扮演了被动记录内心轨迹的角色,它对于前者毫不设防,而前者进入后者的领地则如入无人之境。

之所以造成这种差别,是因为普莱有一条无法跨越的精神限高线:新批评的文本崇拜。他固执地认定,意义完全由作者主体统辖着的作品决定。对读者来说,重要的以及唯一必需的,是从内部与作品保持某种一致性。作品在读者内心划出了国境线,因而读者就被轻而易举地牺牲了。

然而,保持一致在普莱的内在感受批评中只是初入门径,批评的最高境界发生在这样的时刻:"存在于作品中的主体会摆脱它周围的一切,独自存在","而向自身(并向我)展露其本来面目"。批评家为了把握这一"不可言喻,又具有根本的不确定性"的纯粹主体存在,必须"陪伴思维一起去摆脱其自身的羁绊,将自己提高到一个没有客观性的主观性之高度"①。

诺曼·N.霍兰(Norman N. Holland)则是精神分析模式的读者反应批评理论家。有趣的是,霍兰也是以一个比例等式作为自己的开场白的:整体/本体=文本/自我。霍兰这一公式的含义是:"假如把自我(Self)看作文本(Text),本体(Identity)就是我在自我中找到的整体(Unity)。"②

霍兰指出:上述的等式已经把这样一个假设预先包含在里边了:整体与本体这样的本质要素存在于它们所表达的具体形体之中。我们必须对这一假设加以确证。但当我们这样做的时候,即当我们破译文本或研究人物主体得出文学整体或人物的本体的时候,我们是用一种对我们的本体主题来说十分典型的方式进行的。这是一个循环,它昭示了这样一个重要的事实:我们从文学文本中发现的整体包含着发现这个整体的本体。

这一事实不仅解释了人们对同一文本的解释何以各不相同,更重要的是,它还直接推导出有关解释的全新含义:"解释是本体的一种功能,是一个本体主题表现出来的变化形式。"霍兰从这一定义出发,总结出解释运作的总的原理:"本体重新创造其自身。或者换一个说法,风格——指个人风格——创造其自身。"③

这条总原理又分离出三种具体方式:最先,每个人都会在文学作品中发现自己特别希求或格外恐惧的东西。对此,我们内心趋利避害的整套防护体系就开始做出反应,它根据我们的本体主题,在文学作品中创造出获得所希求的东西、并摧毁所恐惧的东西的独特方法。文学作品穿过防护系统以后,读者就可以从中创造出能给予自己快乐的那种特殊的幻想。这是解释的第二种方式。

解释的第三种方式即个人本体或生活风格再创造的最后完成。幻想的大胆欲望或怪诞想象常常会引起犯罪感与忧虑,因而,有必要将粗陋的幻想改造成美的、合乎道德理智的完整经验。当这种改造完成的时候,作品就汇

① 〔法〕乔治·普莱:《文学批评与内在感受》,见简·汤普金斯编:《读者反应批评》,第91—92页。

② 〔美〕诺曼·N.霍兰:《整体 本体 文本 自我》,见简·汤普金斯编:《读者反应批评》,第202页。

③ 同上书,第206页。

集于理性和美学层次，本体重新创造了其自身。霍兰就是以这种精神分析的语汇，揭示了姚斯、伊泽尔所强调的阅读主体的更新和提高的心理过程，在接受美学的道德旨归终点与姚、伊会师。

霍兰还认为，如果我们将作家的本体主题及其文化形式的观念应用于文学批评的实践，我们就可以移情分享某个特定作家的一生创作的整体。因为通过体验他的本体，我将他特有的风格与我自己的风格混合在一起了。同样，这也是我按照自己的本体主题进行的，我分享艺术家天才的感受行为，实际上也就是我的创造行为。当我们获悉作家的本体主题的时候，我们也就洞悉了他内心最深处的秘密、他艺术技巧的全部精华，其实也就洞悉了令普莱感到难以捉摸的作品主体。

斯坦利·E.菲什(Stanley E. Fish)是新批评模式的读者反应批评的代表，但他从一开始就摒弃了新批评封闭的文本观，将文学比作活动艺术，并以之为出发点，提出了一个中心命题：意义是事件。在他看来，意义不存在于作品中，它是阅读的产物，读者对作品的全部体验就是作品的意义，意义即读者的反应。

菲什是以"细读法"来研究读者的反应的。统而言之，就是提出这样一个简单的问题："每个词作什么？具体地说，就是忠实地记录作品中的每一个句子、每个词在读者身上引起的一连串活动。"

菲什并不担心读者解释的任意妄为，因为读者还带着语言这一特殊的锁链。在语言划定的魔圈中，随心所欲的解释只是一个学究式的幻想。在菲什的理论中，语言的限制作用起码可由两种成分来体现：读者先于实际语言经验而存在的内在的语言能力和语义能力，它们都对阅读时间流起着监督和组织作用。

菲什也提出了自己的读者概念：有知识的读者。这种读者在拥有上述两种能力的同时还兼具文学能力。在菲什看来，文学并没有如通常偏见所认为的，存在着只可意会不可言传的玄学性质。他坚决反对苦心孤诣地对语言进行文学语言与非文学语言的区分，要知道，姚斯与伊泽尔就是因为执着于不可以数量计的文学玄学质素，而陷身一筹莫展的境地的。菲什用经验的实证主义，一笔抹杀了他们悲壮之举的意义，从而把自己面临的问题大大简化了：通过占有自己的全部阅读反应，训练有素的"有知识的读者"，就可以一举占有作品的完整意义。

菲什的“文学能力”直接给乔纳森·卡勒(Jonathan Culler)提供了新思路,尽管卡勒是从结构主义角度来思考文学的。卡勒认为,文学作品具有结构与意义,其原因仅仅在于人们用一种特定的方式去阅读它。读者使用这种方式的能力即所谓的文学能力,它来自阅读的传统和惯例体系;文学能力是研究读者反应的关键所在。卡勒孜孜以求的是探求“理想的读者”的文学能力之构成,并进而建立以传统与惯例组成的元批评体系。

相对于读者反应批评理论直接关注意义与阐释的主流而言,卡勒的研究发生了方向的偏转,然而卡勒仍然以变换问题的方式,执着地参与了意义的讨论。这种问题的变换早在菲什那里就已经露出了端倪:正确的反应要求反应者具有一定的知识能力,反应者的能力与阐释的有效性密切相关。

菲什与卡勒已经站在了意义讨论的最前沿阵地。他们同心协力,逐渐消解了文本在意义生成中的重要地位,实行了意义所在的迁移。他们将意义首先确定在读者的自我意识中,随后又将之安放在构成自我的解释策略中。

三、认识论的转移

当霍兰通过自己的研究,得出解释再现本体的结论,并将之运用于批评实践而提倡移情分享的时候,他自觉地意识到,在某种意义上,他已经结束了笛卡尔以降统治思想界的二元论,同时进一步表明了一个与二元论针锋相对的观点:经验,是一种自我与非我的汇集与混合的过程;当他重申精神分析的原理:“任何解释世界的方式——就连物理学在内——都是迎合人的需要”[①]的时候,他明白自己已经进入了解释科学的第三个时代。在前两个时代中,解释分别要回答 Why(为什么)和 How(如何)这两个问题,而在第三个时代,解释已经致力于解决 to whom(对谁)的问题了。

另一位读者反应批评家戴维·布莱奇(David Bleich)则将霍兰所谓的

---

① 〔美〕诺曼·N. 霍兰:《整体 本体 文本 自我》,见简·汤普金斯编:《读者反应批评》,第 217 页。

第三时代称为主观批评(subjective criticism)时代。布莱奇首先从主观认识论的立场出发,对反应和阐释作了重新界定。他认为,反应是断然的感知活动,它把感觉经验变为意识;当感觉活动事先不受任何动机制约的时候,反应将是带评价性的象征活动,它是阐释的唯一基础。阐释就是在一定动机支配下,对反应这一象征活动进行重复象征。反应与阐释属于主观认识论体系的两种活动。布莱奇指出,实践已经证明并将继续证明,主观认识论模式将最有效地融入读者反应的研究。

从主观认识论这一制高点出发,布莱奇对读者反应批评在实践和理论两方面的代表人物的活动和理论都作了重温。以斯夸尔和威尔逊为代表的统计分类实践方法得出了反应是主观性的结论,但斯夸尔旋即在这样一个事实面前止步了:记录下来的反应所体现出来的复杂关系和个别的变化,往往令人无法进行简单的概括;威尔逊虽然提出了正确解释的界限到底是否存在、文学是否是"标准化的结构"这一类疑问,但也仅此而已。客观认识论时时警戒着他们,使他们与真理"纵使相逢不相识"。尽管分类体系越来越完善,记录的资料越来越丰富,但都只是数量上的堆积而已。由于缺乏主观认识论的武装,他们根本无法合理有效地运用他们已经获得的几乎应有尽有的资料。

当然,实践分析派也钻到了客观认识论的沉重铁门下,将之肩起了一条缝:他们重视读者的积极作用,强调意义与文本和读者两者相关。但终因浅尝辄止而功亏一篑,成了客观认识论破产的第一个见证。

在理论方面,罗森布拉特又一次充当了主观模式的预兆昭示者。罗森布拉特的"文学沟通"理论承认作者对文本的最初创造,但却将注意力集中到读者对文本含义的再综合上,并且强调,读者的综合活动是一种介入性的沟通行为,而且介入的读者各具特色。因而,不联系这些各具特色的读者,文本就无法得到描述。

不过,罗森布拉特虽然触及了主观批评的基础,但她马上又显出了徘徊不安的痕迹,不时地表露出要重视文本的意向,似乎认为文本对读者具有能动作用。但实际情况却很少如此。

主观模式认为,能动的动势只存在于具有主观意识的读者身上。读者在接触最初的文本时,感知经验都是相同的,只有到了文本的象征与再象征层次,才显示出个人差异。因此,布莱奇认为,罗森布拉特的大胆突进只表现在实用主义的操作范围,在认识上离真正的主观模式尚很遥远。

在众多的读者反应批评家中,只有菲什彻底地完成了从客观论到主观论的转变。菲什是从新批评所提倡的正规研究方法——一丝不苟地仔细研读文学作品——开始的,但他马上碰到了这样一个事实:他每读到一首诗中每一个词或者每一组词时,他对整首诗的整体感觉就变了。

这一发现似乎给了他很大的触动:即便文本的客观性确实存在,那也是不堪一击、转瞬即逝的,这种客观性既不值得留恋,也没有价值。而且,菲什马上又发现,文本的客观性完全是一个错觉,它纯然是由它的物质性存在的喧宾夺主而造成的。如果硬要标榜客观性才算正宗、正统的话,那么真正的客观性也不在于文本。读者构成意义的阅读活动,意义像一个事件那样发生,才是实实在在的客观事实。文本的客观性与之相比,只能算一种颠倒的客观性。

在这一系列的认识之上,菲什最终确立了这样一条阐释的主观原则:观察者是被观察对象的一部分,而被观察的对象则要由观察者加以阐明。针对这一主观原则,菲什又设定了阐释的判断标准:阐释者群体(interpretive communities)的相互磋商。也就是说,何谓文学或意义,是一项集体决定,只要有一群读者或信仰者遵守这个决定,这个决定就具有效力。

菲什几乎可以称得上主观批评模式的完成者。他的阐释群体概念与科学真理形成之前的原初认识相关。布莱奇指出:主观批评模式在批评家的最初阅读反应的记录基础上,进行第一次象征活动,并将批评家自我表达的原则作为反应的动机。它完善了霍兰的本体主题,弥补了霍兰的本体由于不断复制而自我萎缩的缺陷,而与批评家自我扩大或加强自我意识的自然冲动相适应。

对照我们篇首开列的接受美学三条原则,美国的读者反应批评可以说是原旨接受美学的延续和深化。它以洋溢着主体性的具体的读者代替了后者那笼统、抽象的同名词;它一如既往地关注意义的探讨,并将意义的讨论引出姚斯和伊泽尔幻想的误区;它从精神分析的角度揭示了作品解放读者的理论依据,进而概括出"移情分享"的原则运用于批评实践。

但同时，读者反应批评也是对原旨接受美学的偏离，这种偏离具体表现在肇始于实践、觉醒于菲什、最终完成于卡勒的提问方式的转移，以及霍兰与布莱奇意义上的认识论转移。

然而，读者反应批评的主观模式代替原旨接受美学的传统模式，并不意味着前者对后者的绝对优胜。它至多表明了，当传统模式所持的角度耗尽所有的潜能照亮真理的一隅之后，它宽容并真诚呼唤其他各种理论模式共同来朗彻蒙蔽我们的黑暗。只有基于这种认识，我们才能公正评价美国读者反应批评的理论价值，才能对理论重心不断进行转移和嬗变的整个接受美学学派做出准确的把握。

中国近现代文学与读者

尽管自80年代以来就有重写文学史的理论倡导和实践,文学史研究因而重新发现了许多以往由于各种原因而被遮蔽的盲点,但总的说来,文学史的重构仍然着重以艾布拉姆斯(M. H. Abrams)四元素图式当中的作品、作者和世界三维为考察标准。并不是人们对文学作品的读者和接受维度缺乏应有的热情,事实也许恰恰相反,但从读者的接受角度处理文学史的尝试,却显然由于具体阅读接受事实的浩如烟海和随即的湮没无考而难以为继。因而,抛弃纯粹接受资料的堆积,改用某种基于文学与读者交流模式的理论概括之上的历史考察,在接受美学与阐释学的视野中展示中国近现代文学的历史景观,也许并不是毫无意义之事。

一、诗、文、小说三界革命中的读者

中国近现代文学读者的产生是与近现代文学与古典文学的断裂同步产生的。而这一断裂又与近代中国社会出现的空前变局直接相连。戊戌变法遭到扼杀以后,一部分睁眼看世界的中国先进知识分子,从创办洋务和维新运动先后失败的经验中,痛切地感受到开启民智的迫切需要。"诗界革命""文界革命"以及随后的"小说界革命"就是在这种情形下酝酿产生的。这场直接服务于现实政治变革和大众思想启蒙的功利目的的文学改革运动,由梁启超在赴夏威夷的船上发端,由于恰好处在20世纪前夕,因而成为20世纪中国文学的象征性起点。梁启超的文学思想典型地代表了20世纪初的文学观念,其中自然包括全新的读者观念。

梁启超的三界革命以诗界革命为先锋,是否因为在他的潜意识里,诗歌仍然据文学的正宗不得而知,但传统士大夫对于诗歌确实是以风雅相标榜,只求在士子阶层里彼此唱和,得一、二知音赏识即可,圈子外的读者根本无法进入他们的视野。这种趣味的贵族取向以及作者到读者的自我封闭,显然无法适应开启民智的需要。因此,尽管梁启超在倡导诗界革命之初时,似乎尚未自觉地意识到开拓新的读者群体的必要,但思想启蒙的明确意图,却内在必然地决定了他对读者维度的自然关注。

> 诗之境界,被千余年来鹦鹉名士占尽矣。虽有佳章佳句,一读之,似在某集中曾相见者,是最可恨也。①

诚然,这无疑是指斥传统诗歌题材与内容的陈陈相因,但同样显而易见的是,梁启超是从读者阅读的角度,痛恨了无新意的诗歌对读者阅读兴味的败坏。读者对作品所展示视野的过度熟知,意味着诗歌发展的停滞与僵化。

传统诗歌园地的地力将尽,要想营造新境界,更新读者的阅读感受,就必须发现诗歌的新大陆。从文学史看,宋明诗坛以印度意境、语句入诗,令读者耳目为之一新。然而,当时的新境界于今又为旧境界矣。

梁启超以简约的文字,直觉地叙述出文学史中读者视野更迭嬗变的过程。目的就是为了证明再次构造诗歌新境的必要。而这一次的新大陆却是欧西意境,即为改良现实政治所急需的西方政治思想和文化精神。

在几天后的同一篇《夏威夷游记》中,梁启超在设想中国"文界革命"的图景时,又再次提到了欧西意境,只不过是以日本的德富苏峰为范例。梁启超这样表达自己阅读德富氏的著作所获得的启示:

> 其文雄放俊快,善以欧西文思入日本文,实为文界别开一生面者。余甚爱之。中国若有文界革命,当亦不可不起点于是也。②

这一段话为我们提供了比较文学研究的清晰路径。同时参考读者的角度,我们就可以发现一个十分有趣、在中国近现代文学史上具有典型意义的现象。就终极意义而言,梁启超他们提倡文学改革的理论资源源自欧西,但由于在学习西方、向西方求取富民强国之策的路途中,业已存在一个功绩非

① 梁启超:《夏威夷游记》,见《饮冰室合集·专集第五册》,上海:中华书局1941年版,第189页。

② 同上书,第191页。

常显著的先行者——日本,再加以地缘因素,日本成为梁启超及其同志的长期流亡地,耳濡目染,在语言方面沟通无碍,在情感方面认同直如第二故乡。这样,改革的倡导者就更情愿、更容易吸收从日本转口的、似乎已经通过日本现代化实践检验的欧西思想和理论。

在这种理论的旅行和文学的国际贸易中,梁启超们可谓一身数任:他们首先是西方与日本文学的阅读者,然后才是向国内介绍外来文学的输送者,进而成为新式文学的倡导者和创作者。身份的多重性导致了文学与读者关系的多重性,简言之,即外国文学之于作为读者的梁启超与作为作者的梁启超的作品之于国内读者。

在这两个层次读者的阅读中,由于读者的文学阅读期待为对现代化富强的新国家的政治期待所遮蔽,他们真诚地自动压抑甚至清空自然存在于他们心中的、由传统古典文学模塑出来的期待视野,对外来文学或改良文学虚怀以待。正常接受中所应有的读者期待视野与文本视野相互交流、相互妥协的过程,在可能的情况下被限制在最低限度。

也许,从读者接受的主动低姿态中,我们更容易解释晚清以后翻译事业的空前兴盛与迅速发展,以及梁启超"新文体"风靡一时的魔力。

梁启超最有开创性和影响力的文学思想,恐怕要数他不遗余力地抬高小说的地位。小说取诗文的主导地位而代之,几乎是世界各国资本主义化过程中,文学领域必然出现的通例。因为,小说所表征的平民化和世俗化趋势,相对于贵族文学的等级制而言,具有无可否认的颠覆和革命力量。因此,小说又称"资产阶级的史诗"。改良派的中坚梁启超对小说这一文体情有独钟的事实,再次显示了意识形态与文学形式存在对应关系这一历史的无意识力量。

当然,在梁启超的意识层面,他之所以推重小说,却是因为他看到了小说对读者拥有其他文体无与伦比的影响力,洞察到小说对他们改良群治的事业产生巨大助益的潜在可能。而这种洞察是基于他对读者"厌庄喜谐"这一"人情大例"的深刻洞察和体认,基于对读者群体知识水平的估计和判断。

在《译印政治小说序》中,他重复了乃师康有为的断言:"天下通人少而愚人多,深于文学之人少,而粗识之无之人多",但只要识字的人,"有不读经,无有不读小说者”,可以说,小说较诸其他文体具有最广大的读者普及面和影响力的辐射面,因此,小说在中国“可增七略而为八,蔚四部而为五”①。

写于1902年的《论小说与群治之关系》②是梁启超在域外政治小说的直接触发下酝酿而成的“小说界革命”的宣言书,更是同一时期论述文学与读者关系的纲领之作。即便用今天的眼光来衡量梁启超的观点,我们也不得不惊异于梁氏理论的概括力与丰富性。除了著名的“欲新一国之民,不可不先新一国之小说”的中心主张,强调小说为改变世道人心、移风易俗的必由路径已尽人皆知以外,梁启超的论述涉及小说与读者的方方面面。

在这一篇文章中,他已经不满于仅仅用“厌庄喜谐”这一心理的共性来解释小说感人至深的力量,他认为小说感染读者的深层原因来自两个方面:其一,小说经常“导人游于他境界,而变换其常触常受之空气”。即小说能拓展读者的视野,满足读者超越日常凡俗经验的愿望。其二,小说能将一般读者习焉不察的日常生活处境纤毫毕肖地描摹出来,使读者既产生于心戚戚的认同感,复惊叹于作者完美表达的精湛技巧。能将此二者“极其妙而神其技者”,诸文体中,小说为最上乘。

具体而言,小说作用于读者的方式有四,即熏、浸、刺、提。前两者形象地展现了小说对读者的陶冶之功,读者浸染于小说的意境之中,年深日久,潜移默化。“刺”着重于表明文本对读者的强烈冲击引起读者情感的激烈变化,变化强度与文本作用力的大小和读者受体的敏感程度相关。“提”实际上论述的是读者与小说主人公认同的审美现象。读者在阅读想象中与作品主人公合二为一,从而与处身现实的读者主体发生分化,其分化越深,表明读者受感动的程度越深,接受作品的影响亦越大。

一般人皆知梁启超夸大小说作用不遗余力,但往往容易忽略他对小说的批判同样不遗余力。因为小说与社会风习、国民性格相表里,故中国社会积贫积弱、弊端丛生,罪推旧小说,而中国国民性的重塑、现代民族国家的缔造,当寄望新小说。罪之、贬之,抑或功之、褒之,犹如一币之两面。

---

① 陈平原、夏晓虹编:《二十世纪中国小说理论资料》(第1卷),北京:北京大学出版社1997年版,第37页。

② 夏晓虹编:《梁启超文选》(下册),北京:中国广播电视出版社1992年版,第3—8页。

认识到读者的审美感受具有双重性，对梁启超而言殊为不易，但这一理论的负面影响亦遍及中国近现代文学的全部，其偏颇实种因于该理论对文学社会功利作用的片面强调，和对文学审美本质的忽视。自此文既出，后之的种种有关小说的论说，都只是对梁的观点的花样翻新而已。

时时刻刻以对读者进行启蒙的普及为思考的轴心，梁启超在文学形式方面的追求自然以传情达意、通俗平易为鹄的，于是就有诗乐合一和“歌体诗”的主张，以及“时杂以俚语、韵语及外国语法”的“新文体”的实践。核心意图就是要冲破中国文学由于言文分离给普通读者设立的接受障碍，努力以言文合一达到文学与读者交流的畅通无阻。

梁启超论述文学之感人常喜用一形象的熏炉之喻。人脑亦类似于熏炉，只不过是一高级熏炉，其区别就在于人脑“能以所受之熏还以熏人，且自熏其前此所受者而扩大之，而继演于无穷。虽其人已死，而薪尽火传，犹蜕其一部分以遗其子孙，且集合焉以成为未来之群众心理”[①]。以此来比喻五四前一代中国近现代文学的创作者一边向西方学习，一边对国内读者进行启蒙，即学即用，且影响连锁扩散的情形，亦未为不妥。

在梁启超等人的宣传鼓吹下，诗、文、小说以及当时被包括在小说名下的戏剧，都比照着西方的标准，迅速地进行了传统模式向现代的创造性转型，形成了创作的全新格局。尤其是在这一变革过程当中取得“最上乘”地位的小说，更是呈现出翻译与创作的全面繁荣。

尽管这一近现代文学史的拓荒期，主要功绩在于筚路蓝缕、开辟榛莽的奠基工作，用今天的标准来衡量，也没有留下什么传世之作，但在当时，文学作品从主题题材到写作方式的全面更新，却对读者的审美感受形成了强烈的冲击。那些固守自己原有的期待视野、不愿作任何调整与更新的守旧之士，面对新的诗歌散文和小说，惊为“野狐”，但终究由于其与新的审美感受之间的距离不断拉大而遭到历史的淘汰。而对于大多数对时代审美潮流采取顺应态度的读者，新文学向他的期待视野提出的挑战越大，他所获得的审美享受就越大，新文学越是展现出鼓动群伦、震惊四海的魅力。“一纸风

---

① 梁启超：《告小说家》，见陈平原、夏晓虹编：《二十世纪中国小说理论资料》（第 1 卷），北京：北京大学出版社 1989 年版，第 510—511 页。

行,海内视听为之一耸。"①从对新文学的具体实践持保留意见的严复对梁启超的"新文体"的评论中,我们约略可以窥见当时文学与读者交流顺畅之一斑。

新文学的产生培养了新文学的读者。在这些迥异于传统接受者的读者群中,一些年龄更轻的读者将在即将爆发的五四文学革命中扮演主角。他们是周氏兄弟、陈独秀、胡适、郭沫若等文学革命的健将。当时,他们有些已经开始文化建设和文学创作的尝试,像鲁迅和周作人,就是当时译者群体的重要成员,陈独秀和胡适也偶尔向报刊投稿进行文笔的操练,但他们无一例外都是梁启超的"新文体"、严复介绍的进化论、林译小说,以及各类新小说的热心读者。正像有论者指出,前五四文学的一项重要功绩,就是培养了五四新文学的创作者和接受者。②

当然,理论的设想与具体的实践总不免存在着差距。当梁启超提倡"新小说"之时,他心目中的理想无疑是有益新民的政治小说,但现实却是重在娱乐的市民小说的喧宾夺主与空前繁荣,梁对之痛心疾首。他在1915年的《告小说家》中说:"今日小说之势力,视十年来增加蓰什百",但"其什九则诲盗与诲淫而已,或则尖酸刻薄毫无取义之游戏文也"③。

栽下的是丁香,收获的却是洋葱。这是历史的诡计。究其原因有二:第一,中国小说的主要接受者市民阶级不完全等同于西欧的市民阶级。第二,新小说接受的时代风尚急速转变。当最初的政治热情很快消退以后,读者原先主动抑制住的、对旧小说消闲娱乐功能的期待,就获得复萌的机会。

当然,小说挣脱人为的预设,按照自己的轨迹发展,并不意味着梁的倡议完全告吹。事实上,即使是哀情小说如《玉梨魂》者,其对旧式婚姻制度的控诉,也为五四新文学的读者接受主张婚姻自主的小说,提供了情感准备。

---

① 《严复集》,北京:中华书局1986年版,第648页。

② 黄修己主编:《20世纪中国文学史》(上卷),广州:中山大学出版社1998年版,第5页。

③ 陈平原、夏晓虹编:《二十世纪中国小说理论资料》(第1卷),北京:北京大学出版社1989年版,第511页。

二、文学启蒙对读者的影响

今天我们重新对比1917年发端的文学革命与世纪初的三界革命，自然会发现，在提倡白话和输入西方新思想方面，两者存在着无可否认的精神血缘。但当五四文学革命的闯将走上历史舞台的时候，除了承认少数几部实写社会情状的晚清白话小说以外，其余文学遗产皆被目为封建谬种，归入应被扫除之列。这其中除了五四一代强烈的弑父意识外，还由于晚清文学的不中不西、不伦不类的过渡形态，也确实容易遮蔽自身蕴涵的革新因素。尤其是新小说堕入鸳蝴一路、文明新戏蜕变为庸俗闹剧之后，晚清文学在后继者眼里也确实乏善可陈，需要另起炉灶，别创一个具备更完整的现代形态的新文学了。

胡适的《文学改良刍议》与陈独秀的《文学革命论》就是以这种面对废墟的姿态，部分重复着前人的文学主张，破梁启超之所破。仔细分析著名的胡适"八事"与陈独秀的"三大主义"，有几点可谓英雄所见略同，可以彼此补充而阐幽发微。

首先，陈腐的古典文学与迂阔的国民性相表里，因此，就服务于政治改革的角度而言，文学革命的发生势所必然。胡适认为，传统文学中无论老少强作悲音的无病呻吟，造成整个民族暮气沉沉，使作者"促其寿年"，读者"短其志气"。陈独秀则曰，古典文学内容"不越帝王权贵、神仙鬼怪，以及个人之穷通利达"，与"阿谀、夸张、虚伪、迂阔之国民性，互为因果"，因此，"欲革新政治，势不得不革新盘踞于运用此政治者精神界之文学"。

其次，古典文学体式僵化，导致了阅读感受的麻木。胡适深恶古典文学专以模仿古人为能事、满纸滥调套语，因而大声疾呼"人人以其耳目所亲见亲闻、所亲身阅历之事物，一一自己铸词以形容描写之"，竭力捕捉、赋形时代新鲜的审美感受。陈独秀则强调文学要"赤裸裸的抒情写世"。

此外，两人都从读者的角度着眼，认识到文学语言平易畅达的必要。陈独秀断言，艰深晦涩的古典文学"于其群之大多数无所裨益也"，胡适罗列不用典的原因之一，就是"僻典使人不解"，文学的抒情达意"若必求人人能读五车之书，然后能通其文，则此种文可不作矣”[1]。

当然，五四一代重新清理地基的行为本身，就意味着他们准备对前辈的业绩进行扬弃与超越。在梁启超他们开一代风气的基础上，五四一代对西方文化和文学的了解，在深入和准确两方面均达到了前辈无法企及的高度。他们当中的许多人甚至是欧风美雨的直接沐浴者。因此，他们对创建现代新文学无论在思想内容还是体裁形式方面，都有了更清晰的设计和理想。

相对于梁启超一代的普遍不谙外语，以及对文学实际功用由于道听途说和以讹传讹而造成的无限夸大，新一代的文学革命者在保持大众启蒙维度的前提下，侧重于文学本体特点，校准了文学改造国民性的思想革命的目标。同样是认识到中国文学“不完备，不够作我们的模范”，五四一代在引进西方思想和文学样式的过程中，却没有了前辈那样的不加选择和生吞活剥，提出了“只译名家著作，不译第二流以下的著作”[2]，取法乎上。换言之，五四一代仍然是以西方为自己的参照系，但在“别求新声于异邦”的接受过程中，全新的接受视野已经使他们拥有足够开阔的胸襟和气度采取“拿来主义”。

鲁迅的“拿来主义”典型地体现了五四文学革命的阐释学立场。“第一要义”是存国保种，这就为文学革命的先驱阅读、选取外国文学，与外国文学作品进行对话提供了现实的标准。具体而言，外国文学的译介，旨在帮助读者认识现实人生，因而当务之急不是文学史式的系统介绍以供研究之需，而是移译贴近读者现实人生因而“不得不读”的近代作品。其中，俄国与东北欧弱小民族的文学，由于与我们的反抗和呼叫同调而犹应得到格外的重视。

茅盾也说过：“介绍西洋文学的目的，一半是欲介绍他们的文学艺术来，一半也不过是欲介绍世界的现代思想——而且这应该是更注意些的目

---

① 张宝明、王宗江主编：《回眸〈新青年〉》（语言文学卷），郑州：河南文艺出版社 1997 年版，第 262—267 页。

② 胡适：《建设的文学革命论》，见张宝明、王宗江主编：《回眸〈新青年〉》（语言文学卷），郑州：河南文艺出版社 1997 年版，第 318 页。

的。"[①]着眼于前一半的目的,文学革命的倡导者将西方历时数百年发展产生的文学流派共时地引进进来,广泛借鉴,为我所用。立足于后一半,他们秉承梁启超的"淬厉所固有,采补所本无"的精神,引进"科学""民主"的观念,在用人道主义"辟人荒"的基础上,大力宣传平民精神,提倡个性主义。

形式和内容兼备现代特征的新文学,由于"表现的深切与格式的特别"[②],激动了一代青年读者的心,从而也发挥了影响读者、模塑国民性的现实效能,起到了为新文化运动引导先路的作用。"读者的文学经验成为他生活实践的期待视野的组成部分,预先形成他对于世界的理解,并从而对他的社会行为有所影响。"[③]这就是接受美学所说的文学对社会的造型功能或曰"审美向习俗的流溢",它通过作品"形式和内容的和谐",分别从审美和伦理两个方面作用于读者和社会。在审美方面,文学"通过为首先出现在文学形式中的新经验内容预先赋予形式而使对于事物的新感受成为可能","预见尚未实现的可能性,为新的欲望、要求和目标拓宽有限的社会行为空间,从而开辟通向未来经验的道路";在伦理方面,文学可以通过对读者期待视野中关于生活实践及其道德问题的期待做出新的回答,从而强迫人们认识新事物,更新原有的道德伦理观念,"把人从一种生活实践造成的顺应、偏见和困境中解放出来"[④]。

现代文学的开山之作《狂人日记》就是通过狂人那一固执的发问"从来如此便对吗?"对读者期待视野中关于封建伦理道德的期待发出强烈的质疑,从而用现代人道主义的伦理观取代了吃人的封建道德。对现代文学的读者而言,反抗封建的包办婚姻、追求恋爱自由的新经验,是在一批像鲁迅的《伤逝》这样的作品中首先赋形的;强调个性独立不羁、自我空前膨胀的新感受,是在创造社作家的诗歌和小说中较早获得表现的。

---

① 《茅盾文艺杂论集·新文学研究者的责任与努力》,转引自吴中杰:《中国现代文艺思潮史》,上海:复旦大学出版社 1996 年版,第 67—68 页。

② 鲁迅:《中国新文学大系·小说二集·导言》,同上书,第 22 页。

③ 〔德〕汉斯·罗伯特·姚斯:《文学史作为向文论的挑战》,见胡经之、张首映主编:《西方二十世纪文论选》(第 3 卷),北京:中国社会科学出版社 1989 年版,第 177 页。

④ 同上书,第 179 页。

现代文学的第一个十年中，问题小说直接从易卜生的问题剧获得灵感，与读者共同探讨解决问题的未来可能性，从而开辟走向未来之路；自叙传小说借鉴日本的“私小说”，大胆袒露作者的“病态心理”，对传统道德的矫饰习惯进行挑战，同时又为其后的“莎菲”们自剖女性心理拓宽了狭窄的社会心理空间；乡土小说则通过对农村几千年积存下来的落后风俗的展示，让读者清醒地看到习焉不察下的骇人听闻。

文学启蒙的传统在现代文学第二个十年，被一部分自由主义作家不合时宜地继承下来，在40年代的国统区也得到了很好的延续。在自由主义作家和国统区进步作家的那些全方位、全景式地反映现实生活的作品中，各地域、各个社会阶层的发展道路和未来走向都得到了全面的探讨。

综观整个现代文学的三十年，易卜生的娜拉出走典型地体现了“审美向习俗的流溢”。当接受了新思潮洗礼的现代女青年渴望冲出封建家庭、追求个性和妇女的双重解放的时候，娜拉出走的文学经验就转变成了新女性们生活实践的期待视野的一部分，成为她们选择、设计自己道路的第一参照。卢隐的海边故人、丽石，丁玲的莎菲，都是现实的娜拉们在女性作家笔下的投影。这一投影甚至延续到《青春之歌》中林道静的出场。

正是出于对这种“流溢”的负面影响的警惕，鲁迅先是在讲演中探讨娜拉出走以后的可能，继而在小说中演示出走的续集。娜拉流溢到男作家手中，就演变成了或颓唐或昂扬的曾文清和高觉慧。

三、革命文学和现代主义文学中读者的嬗变

从20年代开始，紧接着文学革命，现代文学史上又出现了革命文学运动。就文学功用的现实指向而言，革命文学与前两次的文学革命一脉相承，但显而易见大大加强了文学的直接功利目的。“儆醒人们使他们有革命的自觉，和鼓吹人们使他们有革命的勇气，却不能不首先激动他们的感情。激动他们的感情，或仗演说，或仗论文，然而文学却是最有效用的工具。”[①]革命文学的鼓吹者大多不是文学家，而是革命者和理论家，现实社会的激荡使

---

① 中夏：《贡献于新诗人之前》，载1923年12月22日《中国青年》第10期。

他们不满足于文学精神启蒙的长远功效，转而追求文学修辞作用的立竿见影。

对于这种工具论文学观对文学本质理解的倒退和偏差，历来文学史家多有检讨。有意味的是，这种带有明显偏差的文学观在现代文学史上却屡屡由于现实的合理性而延续不断。从无产阶级文学运动到“九·一八”事变以后的救亡文学、国防文学和抗日文学，再到解放区文学，蔚为传统。

从文学与读者的关系考察，这种文学的现实合理性也许就表现在读者与这些作品联想式认同的交流模式上。殷夫的代表作《一九二九年五月一日》就典型地代表了这种联想式认同的交流模式。“我突入人群，高呼/‘我们……我们……我们’/呵，响应，响应，/满街上是我们的呼声！”“我已不是我，我的心合着大群燃烧！”那种个人融入集体的狂喜并不仅仅限于作者一己之感受，而是作者召唤读者共同参与到庆典般的仪式中，成为阶级和民族解放庆典中的一个角色，彼此心心相印。

联想式认同的交流模式最利于文学在那些民族伟大和苦难的时刻，发挥出团结人们和衷共济的作用。在这些时刻，作者和读者都不会或无暇苛求文学自身的纯粹性。正与联想式认同交流的原始范本远古集体歌舞歌诗舞乐混融合一相似，革命文学在形式上也体现出诗、歌、话剧等多种文学样式相互渗透的特点，如提倡“民族化”，创作歌谣化的“大众合唱诗”和街头剧等，目的皆为增进文学与接受者交流的效果。

发表于1942年的毛泽东的《在延安文艺座谈会上的讲话》，是对这一文学传统创作实践的理论总结，同时又直接指导、规定了其后的解放区文学创作。它也是专门论述文学与读者关系的一篇重要文献，因为它论述的核心问题就是文学“为群众”和“如何为群众的问题”，即文学与读者的问题。当然，它的不可动摇的前提是工具论和服务论的，文学是“团结自己、战胜敌人必不可少的一支军队”，是“整个革命机器的一个组成部分”。

《讲话》关于文学与读者的关系论述至关重要的有两点，其间表现为读者与作者的关系：一是普及与提高。文学作品要用最广大的人民大众“自己所需要、所便于接受的东西”向他们普及文学艺术，“从工农兵群众的基础上”，“沿着工农兵自己前进的方向去提高”。二是要求具体从事这项工作的作家，对自己的思想感情与立场进行艰难的调整与转变。之所以要求文化程度高的作家一方，趋近文化程度相对低得多的读者一方，大概因为只有从立场感情一直到语言习惯都彻底全面地“大众化”①，才能完全保证作家经由作品与读者的交流，有效地获得化成一片的联想式认同效果，从而也从根本上确保文学艺术这一“整个革命机器中的‘齿轮与螺丝钉’”恰如其分地平稳运转。

当然，具体的创作总是比理论主张更为丰富和复杂。在赵树理那些从语言到思想情感都与农民同化的、堪称“打成一片”典范的作品中，仍然可见五四思想启蒙的余绪，是五四问题小说的农村版。

现代文学也是西方各种文学思潮和文学体制的大输入和大实验，现代文学的创作者，根据自己的兴趣与爱好，在外国文学中汲取与自己性之相近的养分，同声相应，同气相求。现代主义思潮和技巧也在中国这片土地上找到了知音。在鲁迅的作品中，读者可见较明显的象征主义、印象主义与尼采哲学的影响，弗洛伊德的学说为郭沫若、郁达夫这样的创造社作家所赏识。

20 年代初，在法国学习雕塑、直接接受巴黎象征主义艺术氛围熏陶的李金发，以中国第一个象征主义的诗人姿态出现在诗坛上，同时带动了穆木天、冯乃超和王独清等人的诗歌创作；

30 年代，施蛰存和他主编的《现代》杂志，团结了当时中国各路所谓“现代派”作家，他们是：成功地将象征主义诗艺中国化的诗人戴望舒，借鉴日本的“新感觉派”写作手法、反映上海都市市民生活的“新感觉派”小说作家穆时英和刘呐欧，京派作家中深受现代主义影响的“汉园三诗人”卞之琳、何其芳、李广田，以及诗人梁宗岱。

在抗战时期西南联大的特殊环境中，又活跃着一批切磋现代主义诗艺的师生，其中著名的前辈诗人冯至、卞之琳和后来的“九叶诗人”的艺术影响一直延续到新时期文学。至于现代主义因素渗入艾青、钱钟书、张爱玲等人的创作，更是数不胜数。

现代主义文学实践在现实主义占主流的中国现代文学史上给读者带来了面目一新的审美享受，忧郁颓废的现代情绪、精神分析的变态心理，象征

---

① 毛泽东：《在延安文艺座谈会上的讲话》，见吕德申主编：《马克思主义文论选》（下册），北京：高等教育出版社 1992 年版，第 370—385 页。

主义意象表达的客观性与间接性,意义阐释的多义与复杂,“新感觉派”小说的“蒙太奇”和通感手法的运用,无不向中国读者追求明晰连贯的阅读习惯提出严峻的挑战,强迫读者充分调动审美的自主性与创造性,参与作品意义的阐释和生成。将读者包括在创造一词的题中应有之义中,这是现代美学的显著特征,也是对现代主义艺术实践的直接总结。

遗憾的是,由于现代中国血火交迸,实在无法长期给现代主义艺术提供宁静的田园和适宜的土壤,现代主义这一奇葩仅仅昙花一现。但是现代主义文学的种子一直深埋在地下,等待着另一个现代主义艺术繁荣期的来临。从这一角度,应该说,“文革”后期“朦胧诗”的迅速崛起和新时期文学现代派实验的一呼百应,都只是文学史的另一轮循环,在新的高起点的重新开始而已。

下　　编

第一讲　文学史研究的新纪元

有人说，西方历史主义的鼎盛期是19世纪，当时的席勒、黑格尔、尼采、丹纳等等，都将历史作为一个中心主题。因此，在姚斯看来，文学史研究发展到他的时代，已经失去了19世纪那繁荣昌盛的气势，无可辩驳地衰落了。然而，即便是处于“鼎盛”时期的文学史研究模式，也难以称得上严格意义的文学史学，只能称之为文学史的史前史，即严格意义上的文学史产生之前作为雏形、准备的历史，正如人类在有正式文字记载之前的历史，只有一些支离破碎的神话传说，真实无从稽考。

姚斯的这一判断表现了学术研究的通例：在展开一个课题之前，需要对这一领域的现有状况作一个比较清晰的了解和把握，以便确定自己可能突破的方向。姚斯用非常个性化的语言，扼要地简述了各种在他眼里只能称之为“史前史”的文学史研究模式。

文学史的史前史从大的方面来看，可以分为客观主义与主观主义两种模式。

客观主义模式又能够分成不同的种类。最原始的客观主义文学史仅仅将作家作品按年代编排。这种模式的文学史的困难举个简单的例子就可以说明。大家都知道，唐朝是一个诗歌繁荣的朝代，《全唐诗》中收集的诗歌作品，有姓名可以查考的作者就有数万之众，此外还有许多佚名诗人。如果用作家作品的历时名单来处理文学史，显然是行不通的，因为随着作家作品的名单与日俱增，这种最原始的客观主义文学史很快就会因为无法让人综览而完全失效。

实证主义文学史也属于客观主义模式中的一种。这种文学史最经典的操作方式用姚斯的表述就是：从一部作品开始向上追溯，探本清源直至原始时代的胡乱涂抹。这种模式文学史思维的表现方式在当代仍然时常可见。

我还记得我们本科上古代文学史时候的一件小事:有一次,一位教我们明清文学的老师非常不满于我们这个班的学习态度或者学习状态,在一次课前突然给我们全体同学出了一个小测试题:请叙述水浒故事在《水浒传》成书之前的流传经过。全然毫无准备的我们一见试题,一片哗然。我估计,从此之后,我的同学们对这一模式的文学史方式都会印象深刻。再顺便举个中国小说研究的例子,人们可以从《红楼梦》上溯《金瓶梅》的影响,然后再从明清小说依次上溯唐代传奇、魏晋志怪、远古的神话传说,一如姚斯所说的"直至原始时代的胡乱涂抹"。但这一模式也有不足,即作品之间的历史真空只能依靠实用历史的总的内聚力才得以勉强维持,也就是说,作品之间没有实质性的有机关联,像第二个例子,作品之间的联系仅仅是中国历史的总的内聚力。我们之所以将它们联系在一起,是因为它们代表了中国小说史的发展脉络。

客观主义模式的第三种叫做历史主义。历史主义史学家可谓格外标榜客观性。他们声称每个时代都有自己的历史真实,史家的任务就是设身处地地复制这种真实。我们姑且不去追问一个时代的真实是否可以复制,哲学解释学的理论家伽达默尔(Hans-Georg Gadamer)就致力于指出这种历史主义的虚妄,姚斯要问的问题则是:两个封闭的时代之间如何得以延续呢?

客观主义模式的共同缺点是,对文学的美学价值无法加以评论。换言之,结果得到的是没有美学的文学史。

主观主义的文学史模式基本上是这样的:它预先假定一个超时代的完美理想,这一理想贯穿于历史的全程,文学的历史显示因而分解演绎成不同的过程,在某一阶段达到巅峰之后走向衰落,直至某个臆想的末日。这种文学史模式造成了19世纪西方文学史的繁荣,其超时代的完美理想分别可以表现为绝对理念、时代主潮、民族精神,等等。

对于这两种模式的文学史,姚斯做了这样的总评:文学史史前史的客观手法复原于今没有联系的东西,主观手法则因为表达某种臆定的目标的缘故而赝制过去。无论哪种模式的文学史,它们一旦与"文学史的悖论"相遇,便纷纷露出了各自历史观的无力和虚假。这就是姚斯对文学史前史的简单描述。

一、"文学史悖论"和姚斯的理论先驱

那什么是"文学史悖论"呢？一般而言，"文学史悖论"指的是文学史研究中文学与历史难以兼顾的矛盾。有一段话我们非常熟悉，这就是马克思在《〈政治经济学批判〉导言》中关于希腊艺术的著名论述：

> 困难不在于理解希腊艺术和史诗同一定社会发展形式结合在一起。困难的是，它们何以仍然能够给我们以艺术享受，而且就某方面说还是一种规范和高不可及的范本。

希腊艺术和史诗无疑是希腊社会的历史产物，这一点一点儿也不难理解。不好理解的倒是，数千年时光逝去以后，它们为什么能够魅力常驻，仍然给我们以艺术享受？从社会发展的角度来看，我们现有的生产力发展水平和经济繁荣程度都远较希腊时期为高，为什么文学艺术的水平并没有呈现出与之相对应的提升？相反，产生于那个生产力低下时代的文学艺术就某方面来说却成了一种规范，甚至是高不可及的范本？

在经典的马列文论里，我们把这一段论述叫做"艺术生产不平衡之谜"。但它同时也可以被理解为"文学史悖论"的另一种表达方式。它借希腊艺术这一特定的艺术样式，道出了困扰、迷惑着古往今来所有的文学史家的一个斯芬克斯之谜：文学如果是历史的一种表现样式，它何以拥有对时间利齿贵族般的抵抗力？文学史如果要凸现文学艺术的审美本质，那历史意识又如何能够渗入纯粹美的象牙之塔？

面对这一"文学史悖论"发出的"天问"，姚斯决心充当文学史的俄狄浦斯，视中兴文学史研究为己任。更加雄心勃勃地说，他要创建一种全新的、沟通文学史审美和历史两极的、真正意义上的文学史。

同样是面对着这个"艺术生产不平衡之谜"，马克思主义美学家卡尔·科赛克通过重新界定艺术的定义，作出了自己的解答：

> 只要作品产生影响，作品就活着。包括在一部作品的影响之内的是那些既在作品自身中也在作品的消费中所完成的东西。作品发生的情况表现了作品自己是什么。……作品是作品并且作为一部作

> 品而存在的理由是,它要求解释并且在多种意义上发挥"作用"[影响]。①

这段话需要一些适当的解释。我不记得在哪里曾经读过一篇小小说,一篇结尾有欧·亨利风的小小说。小说以第一人称叙述了这样一个故事:

> "我"是一个文学青年,某一天在报上看到一则散文大奖赛的征文启事,心里跃跃欲试。但绞尽脑汁,也没有什么新鲜的命题立意,无奈之下,只能来到图书馆,在一个蛛网密封的角落里,找到了一本尘土最厚的散文集,从里面挑选了一篇,署上自己的名字寄出了。
>
> 意外的是,这篇抄袭的作品居然通过了初选、二评,最后闯入了最后一关。最后一关也就是要在两篇征文中决定一名大奖得主。自从这篇文章寄出之后,"我"的内心就一直处在高度复杂之中:忐忑不安,心想肯定会被人揭穿;但居然一关又一关地都通过了,太侥幸了;明天就是大奖的最终决定日,极度渴望侥幸的再度发生,同时也极度地心虚和惶恐。
>
> 最终的胜负由三名散文界的泰斗在两篇文章中二选一。第二天,"我"和另一位候选人现场观看三名评委投票。两名评委投票了:一比一。决定权于是掌握在了尚未投票的主席手中。这时,"我"的心几乎要从嗓子眼里蹦出来了。"我"亲眼看着主席沉默迟疑了很久很久,终于把票投向了"我"。"我"大大舒了一口气,仿佛置身在梦中,连自己都难以置信。
>
> 颁奖结束之后,等人都走光了,特意把"我"单独留下的主席这时才对"我"说:"我考虑了很久,最终之所以决定把票投给你,就是因为我知道你这篇文章的出处,它的作者就是我。"
>
> 然后,他又意味深长地笑了:"都几十年了,我以为那本书和我那篇文章早就没有人看了,想不到居然还有人拿它来抄袭。"

也就是说,他之所以违背大赛的规则,把至关重要的一张票投给自己作品的剽窃者,就是因为他为自己早年的文章居然还活着而不无欣慰。在我

---

① 汉斯·罗伯特·姚斯:《文学史作为向文论的挑战》,见胡经之、张首映主编:《西方二十世纪文论选》(第3卷),北京:中国社会科学出版社1989年版,第147页。

看来，这篇小小说最典型不过地证明了科赛克的话：只有作品还在发生影响，作品才算活着，尘封而无人阅读只是作品生命停止的标志。

科赛克指出，包括在一部作品的影响之内的，既是那些"在作品自身中"完成的东西，它们是作品能够产生影响的基础和依据；也是"在作品的消费中所完成的东西"，这些东西只能在阅读中发生。

大家都知道，一个理论的诞生，往往并不是空穴来风，而一定有很多先驱。事实上，卡尔·科赛克就是姚斯理论的第一个重要先驱。他对"艺术生产不平衡之谜"的解答至少在以下几个方面给予姚斯以重要的启示：

1. 文学作品的历史可以体现为作品的影响；

2. 影响既发生在作品的审美层次（也就是卡尔·科赛克所谓的在作品自身中完成的东西），也发生在作品的消费层次。后者顺理成章地呼唤出作品消费的主体——读者；

3. 作品存在的理由即要求读者对作品做出解释，并经由读者的阅读解释发生作用。

这样，历史被转化为影响，就与作品的审美极沟通起来了。这一沟通是如何实现的呢？姚斯认为，这一沟通是由读者完成的，因为读者身上既具有审美特征，又体现了历史的含义：

> 其美学含义在于这样一个事实，即读者初次接受一部作品时会对照已读作品来检验它的美学价值。其明显的历史含义在于，第一个读者的理解将在一代一代的接受链条中被维持和丰富。[①]

卡尔·科赛克的启示显露了文学史新纪元的曙光。它为姚斯的新文学史提供了一个绝妙的切入点——读者，规定了一个崭新的向度，即建立以读者接受为中心的影响史或效果史。正是在效果史这一点上，姚斯与伽达默尔的解释学不期而遇。

换言之，伽达默尔的解释学是姚斯的另一个理论先驱。对于接受美学与解释学的亲缘密切关系，人们怎么说都不为过。效果史的理论灵感最初

---

① 汉斯·罗伯特·姚斯：《文学史作为向文论的挑战》，见胡经之、张首映主编：《西方二十世纪文论选》（第3卷），北京：中国社会科学出版社1989年版，第153页。

就是从伽达默尔那里汲取而来的。效果史意识原本是伽达默尔针对古典解释学中客观主义的虚妄提出来的。

什么叫古典解释学中客观主义的虚妄？古典解释学要求解释者克服自己所处时代的历史局限,客观地解释文本的原初意义。而伽达默尔基于人类生存的历史性(即每一个人都是生活在一定的历史时空中)和有限性(因而他的视界必然要受到特定历史时空的局限)的基本事实,一针见血地指出,完全客观地解释文本的原初意义,这根本就是一个不可能的要求。理由是:无论是解释者还是文本,都内在固有地镶嵌在历史当中。任何时代任何解释者所作的解释,都不可避免地包含着解释者个人的时代局限,体现着解释者个人的理解。

因此,历史不是纯客观的,它是历史真实与理解真实的总和。带有固有局限性的解释者对历史真实所作的理解,就是历史对他们产生的效果和影响。正视历史真实所携带的这种效果,就是效果史意识。

效果史意识到了姚斯的手中就演变成了文学史原则。当然,我们为了更加清晰地解释"效果"的成分,使用了"总和""携带"等解析性的词。其实,历史真实与理解真实是不可离析的。历史的真实得以解释只有伴和着理解的真实才能实现。

这正是姚斯获得启悟的地方:理解的真实只有活生生的理解者,具体到文学史即活生生的读者才能提供。于是,姚斯指出:

> 仅当作品的连续不仅是通过生产主体而且也是通过消费主体——即通过作者与读者的相互作用——来传递的时候,文学艺术才获得一个具有过程特性的历史。[1]

作品孤立的存在只是没有生命的文献存在,只有通过读者阅读,在读者身上发生影响,作品才获得历史生命。对于姚斯来说,读者还不仅仅使历史的理解成为可能,更重要的是,一代一代读者的阅读形成了接受和影响的链条,清晰地显示了文学史的进程。

---

① 汉斯·罗伯特·姚斯:《文学史作为向文论的挑战》,见胡经之、张首映主编:《西方二十世纪文论选》(第3卷),北京:中国社会科学出版社1989年版,第148页。

二、期待视野与问答逻辑

这一文学史的进程是依靠读者期待视野的改变来展示的。“期待视野”是姚斯在卡尔·波普尔科学哲学概念的基础上,吸收海德格尔的“前理解”与伽达默尔“合法的偏见”的历史性和生产性提出的。一般人容易将“前理解”等同于我们通常所说的“先入之见”,认为“先入之见”肯定会妨碍和歪曲我们对新事物的正确理解,因而应该尽量去除。而伽达默尔则认为,“先入之见”不仅是不可能去除的(历史性),而且还是理解所不可或缺的(生产性)。

姚斯的“期待视野”指的是读者本身的期待系统可能会赋予作品的思维定向。说到思维定向,我想起叶维廉先生曾经借我们所熟知的“井底之蛙”的比喻,做过有趣的发挥。

我们所说的“井底之蛙”,原本的意思是说井蛙由于视野狭窄而造成见识十分浅陋,以为天只有井口那么大。“井口大的天”就是井底之蛙的期待视野。

话说有一天,井底的一只青蛙跳出了古井,来到繁华的都市游历了一番。这对井蛙而言无疑是大大地开了一次眼界。它看到了城市里的街道非常繁华,街道上人们熙熙攘攘;它还看到一群迎亲的人抬着花轿,花轿里坐着一位美丽的新娘。

这只大长了一番见识的青蛙回到了井底,自然要将它的所见所闻向其他青蛙传达。这只青蛙就如同一个作者,它的讲述就是它的创作,而其他听它讲述的青蛙也即它的接受者。这些接受者是如何接受这一作品的呢?青蛙们的脑海里浮现出来的景象是:城市里街道非常繁华,街道上青蛙熙熙攘攘;一群迎亲的青蛙抬着一顶花轿,花轿里端坐着一只美丽的青蛙新娘。

因为这些井底世界的接受者的期待视野里从来就没有过人的形象,所以它们的期待系统就会对关于人类世界的想象产生特定的思维定向,这就是期待视野的历史性。但同时,它们将人间景象转换成了青蛙世界的场景,又表现了期待视野的生产性。

期待视野由三部分内容构成:1. 对于文类的先前理解;2. 已经为人所

熟知的作品的形式和主题;3. 诗的语言与实用语言的对立。

任何能够阅读文学作品的人,对于文类都会有自己的先在理解。比如文学概论就会告诉我们,散文形式不拘,可以比较自由地叙事状物、书写性情;而诗歌则有相对严格的格式、节奏和韵律的要求,讲求言简意赅,意味隽永,等等,这就是对于文类的先前理解。

同时,读者在阅读文学作品的时候,可能还会唤起他心中一些熟悉的作品形式和主题。比如,有研究者称中国现代作家李劼人的小说《死水微澜》《大波》为"长河小说",它们让人想起法国作家罗曼·罗兰的著名多卷本作品《约翰·克利斯朵夫》,小说中展开的既是人生的长河,也是时代的画卷。这是熟悉的形式;在很多广受欢迎的爱情小说中,我们经常会很容易发现"灰姑娘"的主题。各种改头换面的"灰姑娘"主题,几乎已经成为每个时代"畅销"爱情小说不变的模式和公开的秘密。

此外,对于诗的语言和实用语言之间的对立,我们也都耳熟能详:诗的语言比实用语言更凝练、更简洁;它具有自指性,致力于突出自身,而不是如实用语言那样直接指向所指,因而主要服务于信息的传递和交流,文学语言是不及物的,等等。

期待视野是审美经验本身的一个要素,即使是对于一部先前未知的作品的初次文学经验,期待视野也必不可少。期待视野具有多种作用:1. 确定文学作品的审美价值;2. 描述读者的审美阅读经验;3. 揭示文学的历史延续。让我们逐一来解释一下这三项作用:

首先,每部作品都会唤起读者一定的期待视野,但这个视野与作品所包含的视野存在着或大或小的距离。这就是读者与作品的审美距离。在一定的限度之内,审美距离以近似于正比的方式决定着作品审美价值的大小。也就是说,作品越出人意表,越能让读者产生作者何以能作此想的惊叹,也就是表明读者与作品之间的审美距离越大,作品就越有创意,相应的,作品的审美价值也就越高;反之,如果读者与作品之间的审美距离越近,感觉不到任何惊喜或意外,越说明作品没有新意,审美价值也就越低。

我记得我们中学时语文课本里选入了莫泊桑的短篇小说《项链》,同时附带的文学史常识还告诉我们,莫泊桑的其他代表作品还有诸如《俊友》《羊脂球》等等。然后有一天,我的同桌用发现新大陆般的语气对我说:"你知道吗？《羊脂球》原来写的是一个妓女的故事。莫泊桑形容她胖乎乎、肥嘟嘟得像一个羊脂凝成的球，所以绰其号为‘羊脂球’。”我同学的问话和语气都表明，莫泊桑这篇小说的作品视野与她原先的期待视野之间显然存在着不小的距离，因为如果光是从“羊脂球”这三个字来看，人们很可能首先想到的是某样可爱的东西，绝少会想到是一个人，而且是那样一个从外表看来俗不可耐的妓女。

又比如，当我们最初听说高行健的《灵山》获得了诺贝尔文学奖的时候，肯定会唤起比较迫切的阅读期待。我不知道大家的初次阅读感受是否曾经与我类似，当我匆匆读完第一遍之后，最先掠过的是一丝失望感：怎么跟（上世纪）80 年代寻根文学的路数有些接近？

因此需要提请大家一定要注意的是，审美距离和作品审美价值之间的近似正比关系，只可能在一定的限度内才成立。

期待视野的第二个作用是描述读者的审美阅读经验，具体过程大致是这样的：在阅读作品的过程中，读者的初级期待视野连续转化成反思性二级视野和三级历史视野，标示出审美经验的不断深化。关于这一点，我们在下面还会有具体的分析。

第三级历史视野涉及读者过去期待视野的重建。这种视野的重建揭示出了作品以前的和现在的理解之间的诠释差异，展示了读者视野的改变和提高。作品和读者视野的不断矛盾斗争，就谱写了文学的效果史。它可以简化成这样的公式：新作品——打破读者旧视野——读者建立新视野——新视野普遍化，成为旧视野——新作品再次出现……如此循环往复向前发展。很快我们还将清楚地看到，姚斯的期待视野对文学历史连续的揭示，在很大程度上汲取了俄国形式主义文学史模式的核心观念，即“主导性”的递转和变迁展示了文学发展的历史。

在解释学看来，期待视野的改变不是新视野单纯征服旧视野的过程，理解是文本与解释者之间实现的问与答的交流。解释者的中心任务是发现文本提出的有待解答的问题，理解文本就是理解它的问题。比如，张洁的小说《沉重的翅膀》，文本提出的有待解答的问题比如说是，如何处理改革者与社会习惯惰性势力之间的矛盾？与文本向我们提问的同时，我们的“偏见”也已经提出了问题。针对《沉重的翅膀》中的主要矛盾，读者很可能产生这样两种“偏见”和期待:如果改革者锋芒毕露,结果常常是刚而易折,最后碰得头破血流;而为了避免这类幼稚的错误,或许需要研究人情世故,以获得左右逢源的效果。那么,小说的视野与读者的“偏见”和期待一致吗?事实上,小说的回答部分既在读者的意料之中,又有很大一部分超出意料之外:要冲破世俗的潜网,并不意味着改革的男主人公一定得冰冷僵硬缺少温情,但同时,通情达理而又世事洞明也并不必然地一定会向世俗的力量完全臣服,而不能取得突破和可观的实绩。在这样文本和理解者无限开放的问答交流中,意义获得了无限可能性。

问答逻辑的结果就是视野融合。在单个文本的阅读中,是读者视野与文本视野的融合;在阅读的历史系列中,则是读者的现在视野与历史视野的交汇融合。后者的融合过程又分成两个步骤完成:

首先,寻找文本在其所处时代提出的问题,重建文本的最初期待视野。然后,把文本过去提出的问题转变成“文本对现在的读者提出了什么?”以及“现在的读者对历史文本提出了什么?”这样的问题。举个例子,今天我们如果要重读刘心武的《班主任》,可能首先需要重建新时期初期的读者对这篇小说的最初期待视野,比如说,试图探讨特殊历史时期青少年所受到的心灵戕害,以及那时的知识分子(以班主任为代表)所扮演的角色问题。然后,我们可以接着转变问题,在当前经济和市场占据社会中心关注的情形下,《班主任》对知识分子的定位和角色安排有没有可能引发现在读者强烈的今昔之感?此外,面对这个曾经引起全社会轰动的文本,现在的读者是否会对它做出不同于当时的更加冷静的评价?在历史距离允许我们看清这篇小说所继承的五四问题小说的血脉之后,我们对小说在审美和艺术方面又会提出什么新的要求和期待?

在这种问题的转化中,历史视野与现在视野完成了交融。通过交融,基于“伟大文学所表现的超时代效果与现、当代史形成之间的矛盾(和统一)”①的文学史就建立起来了。对这种文学史的实质,艾略特早就作了这样的理解:

① 冈特·格里姆:《接受学研究概论》,见刘小枫选编:《接受美学译文集》,北京:三联书店1989年版,第70页。

> 历史感包含了一种领悟，不仅意识到过去的过去性，而且意识到过去的现在性。历史感不但驱使人在他那一代人的背景下写作，而且使他感到：荷马以来的整个欧洲文学和他本国的整个文学，都有一个同时性的存在，构成一个同时的序列。①

三、四处蔓延的文学史之网

"期待视野"是姚斯接受美学的顶梁柱。以"期待视野"作为联系各环的中枢，姚斯建立了以读者接受为本、重视作品影响的新的文学史观。那么，这种新的文学史观与一般的历史观有什么不同呢？姚斯的文学史观的独特之处，在于他抛弃了流俗历史观的直线模式，让历史向四周纵横蔓延。

当然，与所有人一样，姚斯首先让历史沿着历时的向度延伸开去。在这一向度上，姚斯的文学史又是多层面的。其一是单个作品的接受史，即一部作品，诸如《卡拉马佐夫兄弟》，其意义潜能在历史接受的各个阶段连续展现出来。其二是作品置于文学系列中的意义显现，比如将秦汉时期的乐府民歌《白头吟》放在历代的"弃妇诗"系列中来理解它的主题和艺术内涵。后一个层面的历史观是姚斯从接受美学立场出发，改造俄国形式主义的文学演进史而建立起来的。

俄国形式主义认为，文学演进是文学形式不断创生的过程。当一种新形式自动化以后，另一种新形式就以陌生化的面目出现代替它。新形式受到普遍欢迎，登上典范的宝座，但很快就失去了新锐的气势，再次自动化。如此循环往复辩证自生。

当然，这种辩证自生的继承并不是一味父子式的，而毋宁如舍克洛夫斯基所说的是叔侄式的断续相继，即一个新流派的产生不总是创新的，它不可避免地要继承某个长期被人遗忘或先前未居于显学地位的遗产。

蒂尼亚诺夫的主因说概括了一种类似的现象。蒂尼亚诺夫把文学史归结为系统的替代，每一个系统都有一个因素或因素组处于"主导性"地位，

---

① *The Critical Tradition*, D. H. Richter, ed. New York: St. Martins Press, 1989, p. 467.

文学史的延续就是一个主因或主因群被另一个主因或主因群不断取代的过程。但被取代的主因并不消失,只是退入背景,等待日后以另一种方式“死灰复燃”。

但是,无论形式主义的文学史模式发展得如何精密细致,它都无法自我弥合由于方法论的局限而固有的一大缺陷:仅仅将历史的理解局限于对变化的感知。这使它既无法回答文学形式变化的方向问题,因为即便是不断地创生,新形式创生的可能性有很多种,为什么结果一定是这样而不是朝着另一个方向?也无法感知一部作品艺术特性的意义潜能,因为作品艺术特性的意义潜能是永远也不会在它初次出现于其中的视野中被人立刻感知的。

为此,形式主义的文学史必须求助于接受美学,开辟一个历史经验的层面,这一层面必须包括现在的观察家亦即文学史家的立足点。从这一立足点观之,文学演进是按照这样的方向发展的:“下一部作品可以解决上一部作品遗留下来的形式和内容的问题,并且再次提出新问题。”①

我们可以在明清小说的发展中对这一原则小试一下:我们知道《水浒传》主要描写逸出常规的生活,也即一百零八个天罡地煞啸聚水泊梁山的故事,他们过着像刘欢的那首歌里唱的生活:“路见不平一声吼,该出手时就出手,风风火火闯九州。”那日常生活和市井风情该如何表现呢?《水浒传》遗留下的这一问题部分地由继它之后出现的《金瓶梅》等作品来解决。

在形式方面也可作如是观。总的来说,《水浒传》的线索比较单一,一百零八将先一个一个地聚齐,然后又逐渐散尽。而《金瓶梅》则是多条线索交叉并进,某些章节的叙事甚至已经复杂得如同生活本身一样千头万绪。也正是在这些方面,它可能对《红楼梦》都产生了不可忽视的影响。

但它也再次提出了一些新的问题,如情节的庞杂、叙事的放纵而不加节制、语言和格调的鄙俗,这些都需要由像《红楼梦》这样的“下一部作品”来努力回答和解决。

就是在这样彼此问答的连续中,文学演进获得了一个视野,它允许人们

---

① 汉斯·罗伯特·姚斯:《文学史作为向文论的挑战》,见胡经之、张首映主编:《西方二十世纪文论选》(第3卷),北京:中国社会科学出版社1989年版,第169页。

去寻找对于被误解或被忽视的旧形式的新理解。也正是借着这一视野的反顾之光,舍克洛夫斯基发现了叔侄相继的遗传规律,蒂尼亚诺夫看到了主因与背景相互隐现的转换机制。

作品系列的演进影响史在美国当代文论家哈罗德·布鲁姆的手中发生了变异。布鲁姆将系列中的作品一律替换成诗人。前辈诗人集结成传统,变成每一个后来诗人无可回避的影响。后来诗人之于先驱诗人,正如弗洛伊德所谓的家庭罗曼史中具有俄狄浦斯情结的儿子面对着父亲,被影响的焦虑煎熬着,处心积虑地误读和修正父亲的作品,借修正比(也就是自己作品与前辈的不同)来树立自己作为诗人的形象。

前辈诗人的创作对后来的诗人来说,既是高山仰止的典范,同时也是巨大的、难以走出的阴影。布鲁姆将现代诗歌史归结为诗人与影响的焦虑痛苦争斗的历史。他这样宣称:"一部成果斐然的'诗的影响'的历史……乃是一部焦虑与自我拯救之漫画的历史,是歪曲与误解的历史,是反常与随心所欲的修正的历史",但如果"没有所有这一切,现代诗歌本身是根本不可能生存的"①。因为经布鲁姆独特的解释:"诗的影响并非一定会影响诗人的独创力;相反,诗的影响往往使诗人更加富有独创精神。"②

历时性角度并不是姚斯的文学史运用的唯一角度。姚斯非常服膺历史学家西格弗里德·克拉考尔对于历史的一个洞见:同一时刻发生的大量事件并没有因为这一时刻的偶然相遇就被赋予统一的意义。其实,它们很可能是一些完全不同的时间曲线中的时刻,受到各自"特殊历史"的法则制约。这就是所谓的"同时者与非同时者的共同存在"。

有学者曾经提出过中国当代思想史上"68 年人"的概念,特指一些出身大城市重点中学而集体流落到农村或工厂的青年学生,在 1968 年前后,从对"文化大革命"的怀疑开始,以他们"业余"的阅读,自觉而毫无功利地卷入那一年的思潮辩论,思考并指点着当时中国产生的社会政治问题。他们构成了当时的一些"民间思想村落"③。我要接着说的是,同样在 1968 年,

---

① 哈罗德·布鲁姆著:《影响的焦虑》,北京:三联书店 1989 年版,第 31 页。

② 同上书,第 6 页。

③ 朱学勤:《思想史上的失踪者》,载《读书》1995 年第 10 期。

与他们年龄相仿的中学生中,还有狂热投入“革命”的,以及因为家庭背景等原因而受到“革命”冲击的人。他们本来就来自于不同的人生曲线,在1968年这一历史时刻偶然相遇以后,必然还将继续演绎各自的命运轨迹。这三类人自然不会因为1968年就被赋予统一的意义。即便是当年“民间思想村落”中人,也即真正的“68年人”,从思想史的意义上,他们后来也各自走失星散,才导致了学者现在对他们的寻找和怀念。

“同时者与非同时者的共同存在”如果移用于文学史,就足以使人意识到,文学史历时性向度上的创新时刻,只有在不忽视它在这一时刻所处的文学环境的联系的前提下,才能得到精确的揭示。为此,姚斯引进了文学史的共时性角度。

重视文学史的共时性,就是研究文学史上一个个共时性的截面。这些静态的截面犹如文学史历史演变的遗迹,从中可以读解某一时刻文学史整个系统中的语法。连续辨读一系列连续相继的截面,就可以分辨出文学史系统中持久的和可变的因素,从而揭示出在文学演进的划时代时刻所发生的翻天覆地的变化。

比如说,17世纪初期以前的西班牙文学,骑士传奇比较流行,这一小说形式在一系列文学史的横断面上都持续存在。然后,突然从某一个截面开始,比如1605年,出现了《堂吉诃德》这样一部戏拟骑士传奇的作品,这种前所未有的因素就可能显示了文学演进中划时代的变化,因为自从这样一部“攻击骑士小说”出版以后,骑士传奇就在西班牙文学史中终结了。

顺便说明一点,姚斯连续辨读一系列文学史共时性截面的方法,很自然地就会让人想起法国列维·斯特劳斯的结构主义,再加上“语法”这一概念,从中我们可以窥见结构主义与语言学对整个20世纪理论渗透之一斑。

至此,我们再回顾姚斯简短的判断——“文学的历史性出现在历时性和共时性的交叉点上”①——就会感到豁亮许多。

然而,姚斯的文学史并未顺势在历时与共时的经纬相交处画上句号。文学史的最后完成还有待于文学对读者产生影响,在现实生活中发挥出效

① 汉斯·罗伯特·姚斯:《文学史作为向文论的挑战》,见胡经之、张首映主编:《西方二十世纪文论选》(第3卷),北京:中国社会科学出版社1989年版,第174页。

能，即“读者的文学经验成为他生活实践的期待视野的组成部分，预先形成他对于世界的理解，并从而对于他的社会行为有所影响”[①]。文学对社会具有造型功能，于人则有解放的作用，它们共同蕴含在作品“形式与内容的和谐”之中，分别从审美和伦理两个方面作用于读者与社会。

在审美方面，文学“通过为首先出现在文学形式中的新经验内容预先赋予形式而使之对于事物的新感受成为可能”，通过刺激读者新的审美感受，“预见尚未实现的可能性，为新的欲望、要求和目标拓宽有限的社会行为空间，从而开辟通向未来经验的道路”。在伦理方面，文学可以通过对读者期待视野中关于生活实践及其道德问题的期待做出新的回答，从而强迫人们认识新事物，更新原有的道德伦理观念。这样，就可以“把人从一种生活实践造成的顺应、偏见和困境中解放出来”[②]。

我自己觉得，姚斯所提出的文学的造型和解放功能这一理论概括具有较强的解释能力。在我的学生时代，女生们大多喜欢读琼瑶小说，但读多了之后，很多人也会慢慢觉得琼瑶小说害人。为什么这么说呢？用姚斯的理论来解释就是，琼瑶模式的爱情文学经验很可能会成为少男少女们生活实践的期待视野的组成部分，并预先形成他们对情感和婚恋生活的玫瑰色理解。因此，女孩子们对自己的爱情期待是，找到一位非常非常英俊潇洒、整天专注于爱情，其他什么事都可以不做的情圣；而男生梦想中的女孩也总是长发飘飘、既纯情又温柔似水。很显然，这样的梦幻是很难经受得住现实风雨的吹打的，幻灭是必然的结果。

我们现在可能都已经把人生的孤独感、焦虑感和荒诞感当成挂在嘴边的口头禅，甚至有人还可以借此玩深沉。但在西方现代主义文学出现之前，孤独感、焦虑感和荒诞感很可能只是人们从现代生活中渐渐觉察到的某种难以名之的模糊感觉。这些新的感觉或曰经验内容首先是在现代主义文学当中赋形的。尤其对我们这样“后发”现代国家的读者来说，“无聊”“恶心”“荒谬”等感觉首先是经由萨特、加缪等人的作品“舶来”的，然后才从生

---

① 汉斯·罗伯特·姚斯：《文学史作为向文论的挑战》，见胡经之、张首映主编：《西方二十世纪文论选》（第3卷），北京：中国社会科学出版社1989年版，第177页。

② 同上书，第179页。

活当中实感到。

文学的解放功能在福楼拜的《包法利夫人》当中有较明显的体现。爱玛本人就是一个以文学经验作为自己的生活实践的期待视野的人。她原本是一小康之家的女儿,却被送到了贵族学校读书,看了一脑子的罗曼司小说,因而对生活充满了浪漫的幻想,神往优雅的生活和传奇的爱情。但是现实生活处境却只允许她嫁给一个乏味的男人、平庸的包法利医生,因此受人引诱,不顾一切地追求逸乐的生活,终因对爱情的幻灭加以债台高筑而服毒自杀。

据说小说发表以后,福楼拜被告有伤风化。这也从一个侧面反映出爱玛陷身其中的狭窄的社会环境和保守的道德氛围。对于这样一个普通读者眼里"道德败坏"、身败名裂的女人,福楼拜却出人意料地对之寄寓了极大的同情,并声称,这个一心渴望"过一种与现实完全两样的生活"的爱玛,其实也就是"一心只想成为他人的我"。福楼拜以人物身上迸发出来的激情与外部世界的碰撞,强迫人们认识一种前所未有的文学典型,从而对原有的道德伦理观念进行更新。

在另一本著作中,姚斯把文学对读者和社会的这种造型和解放功能概括为"审美向习俗的流溢"。审美经验就像钢水一样,从文学作品的高炉中漫溢而出,凝铸成现实历史中人们生活的模范,这不就是审美与历史活生生的沟通么?

这大概才是姚斯接受美学的真实意图。许多人望文生义地以为,接受美学的要旨即在于"接受",仅仅重视读者。这是一个极大的误解。文学的造型和解放功能的实现,才是文学与历史的真正沟通。如果说,姚斯的文学史像一张巨大的网四处撒开的话,至此才收拢为一个完美的结。

姚斯编织的文学史之网的神奇之处还不止于此。想必大家对这样一种直观解说人或地球在宇宙中位置的方法并不陌生:整个银幕被分成一百格,代表浩瀚的宇宙,那么银河系只占其中的一小格;再把这一小格放大成整个银幕,太阳系仍然只是其中的一小格……反复如法炮制,一直到渺小的人。姚斯编织的文学史之网与此解说有些类似。那种每一网结放大以后可以呈现出丰富内涵的特点,或许可以更准确地称之为全息特征,就如同一个微小的基因,携带着生命个体的全部遗传密码一样。

姚斯的文学史之网也是这样。如果能够将这张网置于放大镜之下，人们就可以发现，每一个网眼还包含着一个文学史的子系统。这些子系统麻雀虽小，然五脏俱全，几乎带着母系统的全部文学史特征。类型理论就是这样的一个子系统。

“类型”是姚斯期待视野的组成成分，划归“对于文类的先前理解”，但也是独立的文学史研究的主题。作为后者，它与作品之间几乎存在着一一对应的类比关系：历史上的每一种文学类型，在历代文学史家的阐释中，都展示为意义潜能实现的链条；“文学类型与个别作品一样，几乎难以独立存在”，它是“类的发展系列”①，其发展规律一如舍克洛夫斯基的“叔侄继承”和蒂尼亚诺夫的“主因说”的修订版；在文学发展的每一阶段，诸类型之间呈现同时发展的关系，如诗歌在唐代达到鼎盛的时候，词已经从五代时候就开始存在并继续发展。同时存在的还有传奇、散文，等等；文学类型的存在也有各自相关的社会功能。已经有理论家论证过，每一种文学类型，最初都是受某种意识形态模塑产生，并首先成为传播该种意识形态的载体和媒介。如希腊悲剧因为宗教意识形态而产生，新古典主义戏剧传达的是封建贵族的等级观念，而小说则是资产阶级的史诗。

类型是文学史大系统中发育完全的亚系统。姚斯编织的文学史之网还包括许多这样的亚系统：风格、时代和“复兴”等等，它恰似一张恢恢天网，无限开放，但疏而不漏。

四、视野嬗变和三级视野阅读模式

以上是姚斯文学史哲学的理论表述，那这些理论表述又是如何转化为操作的呢？可以这样比喻：文本是意义的水库，蓄满了意义的势能，阅读则如开闸放水，让文本意义倾泻而下，流入历史的河床，将势能转换成动能。随之而来的问题是：这其间的转换过程又是如何完成的呢？还是用理论的话说，文本的现时阅读又是如何触摸文学的历史之网并与之接轨的？

---

① 姚斯：《走向接受美学》，见《接受美学与接受理论》，沈阳：辽宁人民出版社 1987 年版，第 132 页。

姚斯是以解释学的视野嬗变作为回答的。如果说，姚斯的文学史观借鉴了解释学的核心原则的话，那么，姚斯的三级视野阅读模式就同解释学的诠释三位一体直接合二为一了。诠释的三位一体即理解、阐释和应用这三个瞬间过程。前两个过程涉及审美活动，分别对应着初级的审美感觉阅读视野与二级的反思性阐释阅读视野。

初级审美感觉阅读视野通过对文本形式和意义的潜在整体连续的期待，逐字逐句地完成文本的"总谱"。这时，读者已经意识到文本的完成式，但还没有意识到文本完成的意义，更不用说"整体意义"。整体意义的完成有待二级反思性阐释阅读视野。在二级视野中，文本的完成式成为它的先在理解。带着这种前见的预期，二级视野再次通过依次从结尾到开头，从整体到局部的新的阅读，寻找和建立未完成的意义，在文本开放的意义可能性中选择、确立一种意义，作为文本意义的具体化。

诠释的应用过程开始涉及文本的历史影响，所对应的三级历史阅读视野需要完成前文所述的视野重建这程，重复视野融合所经历的二部曲操作程序。在这一套诠释学中，问答逻辑起到对意义的调节作用。它奉伽达默尔说过的这样一句话为圭臬，限制主观阐释的随心所欲：真正的历史意识总是同时注视自己的现实。换句话也就是说，问答逻辑对文本的提问，无论是形式方面的，还是意义方面的，都要在现实中寻找必需的理由。然而，问答逻辑本身就是开放的，它又允诺了新解释的层出不穷，它的调节作用到底可以保持在何种有效的弹性限度内？这又是一个必须首先回答的问题。

三级视野阅读模式，也许是姚斯的理论当中最具有可操作性的部分之一。我记得有一年，一位同学曾经用它尝试分析过晚唐诗人李商隐那首著名的无题诗《锦瑟》[①]。简单介绍一下，大家可以约略感觉一下姚斯的三级视野阅读模式的大致操作。这首诗相信大家都很熟悉：

---

① 这以下一节基本上是转述某一年选修这门课程的一位中文系本科生的课程作业的主要内容，因为当时没有先见之明，所以这份作业我没有很好地存留，连带也没有记住这位同学的年级和姓名，印象中他后来似乎是上了古代文学或者是古代文学批评史的研究生，所以他对李商隐诗歌的解说亦可能参考了相关专业老师的研究成果。特此说明，并深表感谢和深深的歉意！

锦瑟无端五十弦，一弦一柱思华年。
庄生晓梦迷蝴蝶，望帝春心托杜鹃。
沧海月明珠有泪，蓝田日暖玉生烟。
此情可待成追忆，只是当时已惘然。

前面我们说过，读者的初级审美感觉阅读视野相对于作品就好像阅读一部乐谱，只把乐句贯通了一遍。文学作品中的初级视野也只是理解每一字句的表面意义，对字句之间的联系尚未全面顾及。以此来对李商隐的这首诗进行初步感觉：

这是一首七律。“锦”，意指布帛上有很多颜色；“瑟”是古乐器的一种；“锦瑟”亦即有着织锦一般纹饰的乐器。首联即以古瑟的五十根弦，暗示了五十知天命之年，一弦一柱说明年华渐逝。

颔联是一个工对，说的是庄周、杜宇的典故。前者出自《庄子·齐物论》：“昔者庄周梦为蝴蝶，栩栩然蝴蝶也。”醒过来之后，庄周有一个著名的发问：刚才到底是庄周我做梦梦见自己变成了蝴蝶呢？还是现在蝴蝶梦见自己变成了庄周？进入读者阅读视野的是一个寓言。西周末年，蜀君杜宇被迫逊位，死后传说化为杜鹃，声声啼血。读者初级审美感觉阅读视野感知的是一个哀婉而悲壮的神话传说。

颈联也是一个工对，“珠有泪”与“玉生烟”用的又是一对典故，来自于“鲛人泣珠”“良玉生烟”。尾联则回到了诗人的自我感觉：这一感情在将来或许可以成为追忆的对象，然而发生的当时却只有惘然的感觉。

初级审美感觉的阅读视野带给我们对于此诗的初步印象，就是作者的思绪大幅度跳跃。那么，这种思绪的大幅度跳跃联系起来，又要表现什么样的主旨呢？我们不禁要注意到这首诗的题目。题为《锦瑟》，但与主旨毫无联系，因为它只是沿用了《诗经》中以首句两三个字为诗名的传统，实际上就是一首无题诗。作者那种起伏翻腾然而复杂难以名之的情绪是什么呢？这就进入了二级反思性阐释阅读视野。

二级反思性阐释阅读视野应该在初级审美感觉阅读视野粗读的基础上，将各句联结起来。当初级审美感觉阅读视野在经过首联从“五十弦”到“华年”的滑动之后，有两个饱含着情感的词就留在了读者的记忆当中。这就是“无端”与“思”。当二级反思性阐释阅读视野再次遇到它们之后，将之联结起来,就反映了诗人无可奈何又若有所思的情感状貌。

颔联将一个美丽的寓言和哀婉的传说合二为一,不禁让读者产生一种似真似幻的审美感觉,同时将首联中永逝的年华转化为更加深层的生与死的象征。颈联的沧海和蓝田,一东一西,一个陆上、一个大海,月明和日暖交相辉映,使读者的阅读感觉又从首联的"时"跨越到"空"。经过了这样一个纵深跨越之后,诗人让自己的情感倾泻而出。此种情感既可以理解为对爱情的感慨,也可以理解成对身世之感的寄托。

由此开始触摸到三级历史视野。我们也说过,在这一级视野中,需要重复视野融合所必经的两部曲操作程序:首先寻找文本在其所处时代提出的问题,重建文本的最初期待视野;然后,把文本过去提出的问题转换成"文本对后来的读者提出了什么"以及"后来的读者对历史文本提出了什么"这样的问题。

对于李商隐的这首无题诗,从古到今就不外"爱情"与"兴寄"两种评判。如果从历史的角度看,这两种评判的尖锐对立从《诗经》开始就已经发源。众所周知,《诗经》里的许多诗原本表现的都是朴实真率的爱情主题,但儒家自孔子开始就赋予《诗经》"兴观群怨"的外在功能,将《诗经》视为讽喻之作。比如说"关雎",明明描写男女两情相悦,但儒家却将之解释成"后妃之德"。到了后世,"爱情"和"兴寄"两个源流又可以在一个诗人身上汇合。宋以后,那种集深情婉约与兴寄豪迈于一身的文人比比皆是,如欧阳修、苏轼、陆游、辛弃疾、李清照等。这也是作品置于系列当中的文学史。

同时还应该看到,李商隐的这首无题诗还与晚唐时士子文人的忧患意识密切相关。就作者个人而言,虽怀抱高远之志,然而身处朋党倾轧之中,再加上诗人敏感脆弱的情怀,都促使作者转而表现处于纷扰之中的内心世界。

最后还可以补充一点。到了现代,戴望舒、李金发等中国现代象征主义诗人们,又对晚唐诗歌产生了浓厚的兴趣。因为在李商隐等晚唐诗人的作品中,那种色彩的秾丽和朦胧,情绪的复杂和翻腾,以及意象的跳跃和繁复,都为他们探讨象征主义诗艺提供了丰富的传统文化资源和文学创作灵感。

第二讲　从文学史哲学到审美经验研究

姚斯之所以要从文学史哲学转向审美经验研究，是因为他在文学史哲学领域遇到了难以克服的困难，没能完成创建以读者的接受为中心的新文学史规划，因而试图通过对审美经验的研究，来弥补文学史哲学核心概念的缺陷、纠正前期研究中的偏颇。当他的《审美经验和文学解释学》(第1卷)于1977年在德国出版的时候，离他创建“康斯坦茨接受美学”又已经过去了十年。

一、姚斯文学史理论的困难

姚斯的文学史理论面世之后，在其所引起的世界性的强烈反响当中，自然也包括来自世界各地的批评和责难。需要搞清楚的是，这些批评和责难有哪些是属于求全责备的，又有哪些切中了姚斯理论的要害？

盖·凯泽断言：根据接受美学的原则撰写一部文学史将困难重重，因为这种文学史要求撰写者起码做到一点：在密切注视单个作者的接受或历史变化的接受的同时，须得抢拍共时态文学体系的横切面镜头。作为纲领，它显得简明扼要，但当要求于实际操作，其高精尖的程度显然超出了可以承受的界限。

出于同样原因而显得忧心忡忡的还有卡·罗·曼德尔考。在他看来，要描述接受过程的反馈效应将是非常艰难的，因为效果史从来就不是一部作品的效果史，而始终、并同时是所有作品的效果史。听起来似乎很有道理。确实，文学史不仅仅是《锦瑟》一首诗的效果史。

我们完全可以理解，这种忧虑主要是来自对接受美学论纲迅速投入应用的急切期待，但是他们忽视了文学史理论和文学史元理论的区别。我们知道,文学史写作需要在一定的理论指导下进行,我们称这些理论为文学史理论;但与此同时,还需要有人对文学史理论进行再思考,我们把这些再思考称之为文学史的元理论。元理论需要一定的超前性,把握的是有关文学史写作的范式、方向等大的问题。它与具体的文学史写作之间需要经过两层降解,转换成具体的文学史写作技术,更是需要一定的时间以及实践的尝试和经验的积累,决不能怀着急功近利之心而浅尝辄止。否则,就是理论的盲视和短见。

事实上,已经有这方面比较成功的尝试,当然是局部的单个作家的创作接受史。比如有研究者追踪曹禺剧作的创作流程,重点考察剧作家对每一部剧作的接受反馈的采纳和吸收,如何影响到他下一部剧本的主题选择、人物处理,以及创作方向的调整。

更多的批评指向姚斯理论中社会学方面的缺憾。这方面的缺憾似乎是全方位的。有人认为,姚斯的理论缺乏一个读者类型的定义,缺乏从社会学角度对读者进行划分和分析,对读者的文学基础也缺乏调查。这方面的著名指责来自东德文论家克·特莱格尔:"当'读者'被简单地作为阅读着的个人来理解时,他可以说是空的,那他就不是什么历史的动力"①,因而也无法满足文学的历史性要求。

社会学底蕴的薄弱也表现在期待视野上。苏珊·米勒——汉普夫特就对公众的"期待态度"表示怀疑。她说:"公众对艺术作品的众多反应"并不是一致的,"而是从当时的具体社会环境以及个人的宝贵经验出发以多种方式表达出来"②。

至少,在重视文学的社会功能方面,姚斯应该感到骄傲了吧?因为他从独特的角度实现了审美与历史的融合,使文学经验成为读者生活实践中的期待视野的一部分,从而对社会表现出造型功能,对人产生解放作用。但切莫如此想当然,因为即便在这一点上,他也未能幸免批评者的锋芒。他们说,姚斯将文学与社会的关系仅仅看作文学与读者的关系,舍此以外,一概

① 冈特·格里姆:《接受学研究概论》,见刘小枫选编:《接受美学译文集》,北京:三联书店1989年版,第123—124页。

② 同上书,第111页。

排除。不仅如此，姚斯在论述创新的文学实现人的解放这一点上，所表现出来的乐观主义也并不妥当，因为创新的文学也为阻止人的解放卖过力。况且，倘若证明不出文学对单个读者的特有效果，即如果视野的改变作用无法从一概而论落实为特定读者的实际情形，文学的社会功能就无法得到充分的说明。

这真是"公说公有理，婆说婆有理"。特莱格尔刚刚指责完姚斯对阅读着的个人缺少社会学类型的划分和把握，马上就有人要求他将文学对读者视野的改变从一概而论落实到特定的单个读者。

或许，来自文学社会学的指责在姚斯的东德同行曼弗烈德·纳乌曼[①]那里达到了登峰造极的地步。在《从历史、社会角度看文学接受》一文中，纳乌曼勾勒出了文学接受研究社会历史的总体空间。他认为：

首先我们应该防止把文学接受学仅仅等同于文学阅读学，因为阅读只是伴随着书籍的大量出现而产生、并将随着书籍时代的结束而产生变化的文学接受的诸多形式之一。这一点无疑是正确的，因为在书籍出现之前，有一段漫长的口头文学阶段。而且，在我们现在这个国际互联网时代，文学的阅读形式发生数字化的改变已经是可见的事实。

其次，所谓历时的文学接受史，面临着一个实践的难题："文学接受的大部分成果都被读者们悄悄地融合了。正因为如此，我们所拥有的原始材料很少能够导向关于真正的文学接受史的明确结论。"[②]纳乌曼的这一批评很可能反映了一部分人的共同烦恼。这些人就是我们前面说过的，急切地希望将接受美学论纲应用于具体的文学史写作、然而却感到举步维艰的人。比如我们对李商隐无题诗的接受，就已经不知不觉地融合了历代读者对它的接受成果。那很好啊，我们现在很希望将历代读者对这首诗的接受反应，按照姚斯给我们指示的全新模式，整理出这首诗的接受史。但我们很可能会发现，我们并不拥有对这首诗的详细接受情况的完整材料，历代读者每一次接受的点滴变化绝大部分都已经湮没在历史的尘烟中了，其中可以归纳

---

① 现一般译为曼弗雷德·瑙曼（Manfred Naumann），此处沿用所引译文集的译法。

② 曼弗烈德·纳乌曼：《从历史、社会角度看文学接受》，见张廷琛编：《接受理论》，成都：四川文艺出版社 1989 年版，第 68 页。

总结的成果，都已经被后人吸收、消化，用纳乌曼的话说就是“悄悄地融合了”。

而反过来，当我们不辞劳苦，竭力去挖掘、修复这些已经被融合的接受成果时，事情又可能导向另一个极端。正如纳乌曼颇令姚斯难堪地指出：

> 一如过去的文学作品消融于它们的诞生过程中，如今文学作品也消失在文学接受的过程中。一部文学作品产生的原因的量的序列已被文学作品所产生的后果的量的序列所取代。①

对啊，当初姚斯不也批评过实证主义的文学史，从一部作品开始上溯，探本清源，直至原始时代的胡乱涂抹吗？那就是纳乌曼所说的“作品消融于它们的诞生过程”，现在不过是换一个方向，让文学作品“所产生的后果的量的序列”取代“产生的原因的量的序列”而已。

正因为基于上述的种种不满，纳乌曼提出要考察文学接受的整体方向。整体的文学活动的基本情形由以下三个矢量组成：作者→作品←接受者。在纳乌曼看来，问题的复杂性不仅在于，文学活动的个性特征使这一基本模式的每一个成分都带上偶然性、自发性和独特性的因素，从而使个人的创作和接受的行为以及孤立状态中的作品呈现出无限变幻的多向性和各异性特征，问题的复杂性还在于，如果这一模式将作为个人文学接受行为媒介的文学的、社会的和历史的诸种条件弃之不顾时，这种模式便暴露出其局限性。因而，必须在社会学方面考察文学接受的诸条件。那么，文学接受的诸条件都有哪些呢？

文学接受的首要条件由某一特定阶段读者消费的文学作品构成，因为这些作品不仅体现着创作家们的创作个性，而且它们本身是创作家以肯定或否定的形式明确参照接受领域里的需求的产物，体现了文学接受者的需求趣味和能力。它们通过媒介作家与读者的对话活动，将某种社会关系注入文学结构内部。

刚引进美国大片的那几年，紧跟着电影《廊桥遗梦》的风行之后，社会

---

① 曼弗烈德·纳乌曼：《从历史、社会角度看文学接受》，见张廷琛编：《接受理沦》，成都：四川文艺出版社1989年版，第69页。

上对所谓刻骨铭心的爱情题材的文学作品形成了一个消费热点。为了满足接受者的文学需求，出版社除了推出小说《廊桥遗梦》以外，还出版了诸如《马语者》等一批同类作品。作家张抗抗也写作了《情爱画廊》。张抗抗的写作实际上就是对接受领域里读者的消费需求的一种明确肯定，当然，作家之所以能够对读者的这种需求做出肯定形式的反应，一个原因也是由于读者的消费趣味反过来契合了作家本人的创作个性：本来就是一个感觉细腻、对情感题材有兴趣的女性作家，又有《隐形伴侣》等作品的前期准备。在这里，我们可以清楚看到，特定阶段读者消费的文学作品，是如何通过媒介作家与读者的对话活动，将某种社会关系注入文学结构内部。

又比如，上世纪 90 年代前期北大中文系学生对法国新小说派作家的作品有很大的消费需求，这首先体现了青年学生对西方现代主义及其后的文学的需求趣味和接受解读能力，同时也从一个联系紧密的方面向当时国内的先锋实验小说作家传达了肯定、鼓励和期待的强烈信号。因为根据苏联接受理论家在上世纪 70 年代所提出的“接受模型”的理论，作家创作时始终要跟自己心目中想象的读者打交道，这些想象中的读者就如同一个“接受模型”，对他的创作发挥着重要的引导和规范的作用，而这一重要的“接受模型”，就来自于作家对现实读者阅读和接受情况的了解、分析、判断和预测。

文学接受条件的第二种因素即文学传播中的关系问题。作者与读者的对话交际活动并不是直接发生的，它以出版、销售等文学传播手段为必要的渠道，同时接受文学批评的规范性调节。在此过程中，文学观念隐身在交际环节之后，担负着元交际的功能，它决定着书稿的选择、影响着批评界的评论和读者的阅读，等等。

纳乌曼圈划的文学接受的社会历史空间漫漫无垠，它是如此广阔，以至于几乎令人绝望。试想，这么多的工作在一个人身上能完成吗？如果以如此之广的研究领域要求于单枪匹马的姚斯，我们不是显得过于苛刻了吗？纳乌曼恰恰以他的登峰造极，让我们觉出了体谅姚斯的必要。事实上，姚斯是非常自觉地限定自己的研究对象的。在这方面，穆卡洛夫斯基和沃迪卡助了他一臂之力。

穆卡洛夫斯基是能动结构主义的代表人物。什么叫能动结构主义？简单地说就是,他在像结构主义者一样研究封闭的作品的同时,将读者的标准体系纳入自己的学派中,从而使共时研究向历时研究敞开大门。穆卡洛夫斯基对作品的理解是:“艺术品是在它的内在结构中、在它与现实和社会的关系中、在它与创造者和接受者的关系中以符号形式呈现出来。”①说到“内在结构”“符号形式”,那是结构主义的词汇,而作品“与现实和社会的关系”以及“与创造者和接受者的关系”,则又突破了一般结构主义的模式。能动结构主义对作品的理解,也是对接受理论纲领的最精炼的概括。它为姚斯的文学史研究成功地提供了一个基本模式,从而使姚斯抛弃了盲目性。

金特·席维准确地评价了穆氏对姚斯的助益,也道出了姚斯的策略:“结构主义者不管现实情况如何,把明确的限定性强加给了他的客体,甚至不惜生硬地、勉强地(但并非武断地)这样做。这种做法的报偿是明确结构的规律和可描述的功能。”②

有限定明确的研究对象,才谈得上描述和总结规律。很明显,如果没有结构主义对研究对象的限制,姚斯很可能已经迷失在纳乌曼所勾画的社会学研究的无垠空间里了,他的研究就没法完成。为此,我们再引用一段沃迪卡的话,作为对社会学责难的总回答:“认识的目的不可能囊括由个别的读者做出的所有的解释,它仅仅能包括那些揭示出作品的结构和流行准则的结构之间的矛盾冲突的解释。”③

二、“期待视野”内含的矛盾和缺陷

如果说,社会学的指责对姚斯的理论而言尚属于外围扫射的话,那么,人们对“期待视野”的批评则应该属于内核轰炸了。“期待视野”在姚斯的理论中所处的拱心石地位,很自然就使它成为了批评的众矢之的。实际上,从社会学方面对姚斯提出的批评已经涉及“期待视野”。现在,人们又从另外的角度对之提出了指责。

---

① D.W.福克马、E.库内—伊布施:《文学的接受——接受美学的理论与实践》,见刘小枫选编:《接受美学译文集》,北京:三联书店1989年版,第223页。

② 同上书,第224页。

③ 同上书,第225页。

曼德尔考率先对“期待视野”的实用性提出质疑。在他看来,在历史同时性的平面上,期待视野至少可以一分为三:时代期待、作品期待和作者期待;在全部效果史的时间进程中,期待视野又不断形成和毁掉。如果要对各个阶段的期待视野进行区分,那就必须综合两方面的原因,其困难程度不言而喻。

东德的魏曼为了强调生产美学占绝对优势的美学观,指责“期待视野”难以客体化。他说,古代人的期待视野几乎无法再现,近人的期待视野则分裂成互相矛盾、彼此龃龉的五花八门的读者期待。况且,基于期待视野而建立的接受史将各种接受千差万别的价调整得一溜平,是典型的议会德行。平心静气而论,他们的批评都不是很理直气壮的。曼氏对期待视野的怀疑与他对文学史的怀疑显得一样浮躁,魏曼则显露出客观主义的偏颇。

对期待视野提出实质性批评的是霍拉勃。我们在上一讲中曾经提到,姚斯将读者的期待视野和作品包含的视野之间的距离称为审美距离,并认为在一定的限度内,审美距离以近似正比的方式决定着作品审美价值的高低。对于这一点,霍拉勃表示极大的不同意,他甚至不无偏激地说,若将黑猩猩打出的字当作小说发表,它也肯定与大众的期待视野大相径庭。以此判断文学价值的高低,至少是不科学的。

不仅如此,霍拉勃还进一步指出了姚斯的自相矛盾之处。我们知道,姚斯的理论与伽达默尔的解释学是紧密相关的,也就是主张历史不是纯客观的,而是历史真实与影响的真实的总和。换言之,现代人是无法重建以往时代纯客观的历史的。在这一点上,姚斯是不遗余力地拒斥和批判所谓实证主义——历史主义范式的,但他为了证明特定时代“人所熟知的标准”,又假设我们以现在为视点,能对这些标准的本质作一客观的判断。这实际上是削弱了对历史环境的重视,陷身于己所不欲的客观性方法论中去了。

这确实是一个非常突出的矛盾。那么,是什么导致了这一矛盾呢?矛盾的根源何在?霍拉勃的回答是,这一切的根源在于,“过分依赖于形式主义的接受理论”,将陌生化和新颖性作为“评价的唯一标准”[1]。

---

① R.C.霍拉勃:《接受理论》,见《接受美学与接受理论》,沈阳:辽宁人民出版社 1987 年版,第 345 页。

这应该是触及姚斯理论的要害了,我称之为姚斯理论的阿喀琉斯之踵。陌生化和新颖性的评价标准成为姚斯理论的致命弱点并不是偶然的,我们再对照一下以前人们对姚斯关于创新的文学对人实现的解放功能的乐观主义的批评:创新的文学确实为人的解放出过力,但同时也曾为阻止人的解放效过忠。换言之,文学解放功能的实现与文学是否创新并没有必然的关联。从中似乎也可见出对姚斯一味求新、一味重视对现实进行否定表现出隐隐的不满。

这就提出问题来了:陌生化理论到底在哪里埋下了理论的隐患呢?标扬创新不是很具革命性和创造性吗?直到现在,我们不是还一直痛感中国人的创新精神不够吗?这大概要追溯到俄国形式主义的精神同盟:阿多尔诺的否定性美学。

这里有必要简单地介绍一下阿多尔诺的否定性美学。阿多尔诺是著名的法兰克福学派的重要代表人物之一。在法兰克福学派所开创的社会批判理论中,阿多尔诺与霍克海默以他们合著的《启蒙辩证法》对现代"文化工业"展开的犀利分析和批判而独树一帜。

与大多数法兰克福学派的社会批判理论家一样,阿多尔诺首先也痛感到人在晚期资本主义社会的全面异化。现代工业生产组织所内含的生产技能的原子化分割和标准化培训,不仅使人在劳动职能方面机械化和单一化了,而且还使这种"现代物质文明"的"单一化"和"标准化"的逻辑逐渐渗透到社会生活的方方面面,包括人们的休闲娱乐、精神需求、思维习惯甚至无意识领域。人被全面物化了,人的个性被抽象化和普遍化,人的本质被极大地降低。

"文化工业"也就是大工业生产的机械复制和商品消费逻辑渗透到文化和艺术领域的产物。而在历史上,文化和艺术领域都曾被人们当作免遭物化和异化的庇护所,以及抵抗金钱铜臭腐蚀的最后堡垒。文化而成为工业,标志着社会面对物化和异化的全面陷落。

"文化工业"的首要表现就是,交换价值的商品原则支配了文化生产、流通和消费的全过程,艺术作品不再是艺术家个人灵性的表现,而是满足市场需求、追求丰厚利润的"文化工业"产品。相应地,人们对艺术品的欣赏也从纯粹精神的追求变质为对物质消费品的占有和使用。标准化和集约生产的方式决定了文化工业资本利润的最大化,同时也带来了生产流水线终端的文化产品的千篇一律。

此外,“文化工业”所依赖的大规模复制和传播等现代技术媒介和手段,也为意识形态对大众的渗透、操纵和欺骗提供了物质基础。各种各样的文化工业产品所包含的,基本上“都是从制造商们的意识中来的”①认识和感知世界的框架,在铺天盖地占据人们视听感官的大众传媒和文化产品的世界中,个人的自由选择和独立判断能力,几乎难以突破制造商们所提供的感知框架而找到存留的空间。

除了选择性遮蔽和过滤外,“文化工业”的意识形态操纵功能还通过其产品中用以吸引消费者的“消遣”“娱乐”因素来实现。它将虚拟的美好幻象和资产阶级意识形态打包包装,使人们在一种类似于白日梦般的抚慰情景中,自觉认同现存的秩序、肯定资本主义的社会现实。

基于对现实社会和文学艺术状况的如此判断,阿多尔诺提倡“否定的辩证法”,对社会进行全方位的批判。他所强调的“否定性”是不包含任何肯定性的否定性,因而,即便是黑格尔的“否定之否定”,也因为其中的肯定性因素而遭到阿多尔诺的拒绝。

“否定的辩证法”运用于文学与艺术批评领域,就形成了否定性美学。这种美学的要旨即纯粹的否定性。它认为,艺术只有否定了它所产生的特定社会,才能具有明确的社会功能。艺术越是与社会现实生活的图式相脱离,艺术就越精粹。

因为现代文化工业塑造了人们追逐肤浅的感官之乐的审美习惯,现代艺术就必须舍弃传统艺术对现实的模仿和完美化的形式要求,用零散、分裂、破碎等非直观的抽象形态,折射出现代社会异化的真相,实现“反艺术”的批判功能。可以想见,这种反模仿、反形式和谐的“艰深的”现代艺术,一定会与人们习以为常的“快乐”“舒适”的接受习惯大异其趣,但阿多尔诺却认为,“与社会的接受唱反调”,正是现代艺术的社会功能。他甚至这样说:“当艺术品所面临的是俗常和苛求这两种意识形式时,它的社会内涵有时正是在对社会接受的抗议之中。这一点从 19 世纪中叶历史大转变的时刻

① 霍克海默、阿道尔诺:《启蒙辩证法》,上海:上海人民出版社 2003 年版,第 139 页。

起已成为规律性的东西了。”①

可以明显看出，当阿多尔诺标举否定性的时候，他赋予了这种美学以社会批判的强烈的意识形态意味，但俄国形式主义却因为单纯强调形式的理论需要，褪下了阿多尔诺的意识形态外衣，却将其中的否定性精髓永恒化了。当姚斯创建接受美学的时候，他似乎忘记了文学接受史上一个不引人注目的事实，用霍拉勃的话说就是：“强调创新似乎是现代偏见的一部分，或许与市场机制渗入美学领域有关，”“独创性和天才在受到青睐的评价范畴的花名册上”，是继封建主义时代“强调等级制度、一致性、重复性”之后的“姗姗来迟者”。②

霍拉勃向人们重新提示了一种常常被我们忽视和遗忘的历史意识。有一段时间我常用一种叫“飘柔”的洗发水。有一次我站在超市的货架之间陷入了选择的艰难当中，因为光是这一个牌子的洗发水就具有太多不同的功能。比如，绿色瓶子装的是去屑的，蓝色装的是止痒的，紫色装的是柔顺的，橙色装的是带焗油功能的，褐色装的添加了人参和首乌成分，因而是防掉发的，黑色装的可能添加了黑芝麻的提取物，还有二效合一或者三效合一的，等等。于是我就求助于旁边站着的导购小姐，问这么多款到底有什么不同。导购很认真地想了一下，非常坦率地对我说：“其实这么多款的基本功能都差不多，但是你也知道，如果我们的产品不能不断地更新换代，就会被别的品牌挤占，失去已有的市场份额。”这就是市场机制激励着不断“变化”和“创新”。

确实，在现代之前的传统社会，人们并不那么要求“创新”，亚里士多德在《诗学》中与人辩论的是悲剧和史诗到底哪一个处于文学的更高等级，西方文学理论的模仿传统强调的是艺术与自然的一致，甚至还有一种模仿理论，强调的是模仿古代经典作家的作品。

封建时代的中国人也不喜欢标新立异，电视剧《汉武大帝》中刘彻最不满意卫子夫所出的太子，就是因为“子不类父”。我们常常贬斥纨绔、败家

① 朱立元：《接受美学》，上海：上海人民出版社1989年版，第392页。

② R. C. 霍拉勃：《接受理论》，见《接受美学与接受理论》，沈阳：辽宁人民出版社1987年版，第345页。

的子弟为“不肖”，意思也就是说他们“不像”先辈，与先辈“不一样”。作为一种评价标准，“独创性”和“天才”确实像霍拉勃所说的是“姗姗来迟者”。这也是为什么阿多尔诺要指明他的否定性美学主要立足于19世纪中叶历史大转变以后的审美事实的原因。

但姚斯好像并没有注意到阿多尔诺的这一时间界定。大概是出于对艺术审美特性的虔诚，他不假思索地吮吸了俄国形式主义陌生化理论还算甘美的乳汁。事实确实如此。他的“期待视野”颇得否定性美学的神韵。但遗憾的是，姚斯不久就遭逢了否定性美学江河日下、开始受到冷落的时代。

在此我们或许需要添加一个说明，于尔根·哈贝马斯在他1980年接受法兰克福市授予的阿多尔诺奖所作的致词中曾经提到，姚斯在1970年曾经总结过“现代的”这一个词的历史。其中提到，自5世纪晚期“现代的”开始被使用，直至17世纪晚期法国著名的古（ancients）今（moderns）之争之前，古典一直被作为标准和值得效仿的典范。摆脱古典的影响自启蒙运动开始，而对传统、对历史保持抽象对立的极端现代意识，是在19世纪的浪漫派释放出来的。自此以后，“所有能帮助自发更新的时代精神的现时性得到客观表达的，都被视为现代的。这些作品的标准是新，而这种新不断被下一风格的革新超越，因而贬值”①。当时，姚斯创建接受美学还不久，或许我们应该准确地说，他还没有来得及意识到“现代的”这一词的历史变化对他自己理论的实质性意义。

事情经常是这样，当一件东西成为时尚、被人追捧的时候，没有人会想到它的合法性问题，认为其合法乃是当然的。但当它失去宠儿地位的时候，合法性问题就重新凸现出来。否定性美学也是这样，当它面临着重新检验合法性的时候，“期待视野”也随之暴露出了一个原先隐而未现的大缺陷：它内在包容的否定性限制了它对“肯定文学”的理解与欣赏。“期待视野”失去了普遍适用性，也就无可置疑地失却了作为衡定作品审美价值的标准的荣耀地位。

---

① 于尔根·哈贝马斯：《现代性——未完成的工程》，见汪民安、张云鹏主编：《现代性基本读本》（上），开封：河南大学出版社2005年版，第108页。

三、重返审美经验

当姚斯苦心孤诣构筑的文学史理论的柱石面临着崩溃的危险之时,他在这方面的研究显然无法再继续下去了:姚斯将目光转向了审美经验。这又是一个问题:是什么决定了姚斯研究转变的方向?面对困境寻找出路那是自然的,但突破口为什么是审美经验?转向前后的研究有无什么必然联系?

有学者几乎已经面对这一个问题的答案了,但他只是把它视为理所当然:"审美经验是接受和接受史研究的核心问题","只有通过审美经验的深入研究,方能把接受美学向前推进"①。似乎显得有点泛泛而谈,一笔带过,流于语焉不详。

事实上,否定性美学的没落深深地触动了姚斯,促使他对阿多尔诺的一个大胆假设进行了深刻的反思。这个假设认为,艺术与快乐幸福无缘。基于此,艺术才能保证与社会绝缘的苦行特征,曲高和寡而又目空一切。因为现代"文化工业"正是通过给人提供快乐和幸福,才促使了文化产品的流行和畅销。对阿多尔诺来说,苦行特征是确保现代艺术区别于通俗产品并保持对社会抗议姿态的必要标准和不可或缺的质素。也正因为如此,美学在现代几乎发展成了丑学。

正是在这一点上,姚斯看到了自己与阿多尔诺的分歧,也是在这一点分歧上,他看到了补救理论缺陷的希望:反其道而行之,是否就能纠正其理论的消解性?审美经验因此而进入姚斯的视野,因为它正好与苦行主义针锋相对。

在《什么叫审美经验?》一文中,姚斯通过对审美经验的全方位考察认定,在审美经验的反射层次上,审美经验者能够自觉拥有审美角色距离而采取旁观者的游戏态度。审美经验的游戏特征释放出审美愉悦,使艺术作品秉有自愿的特征。姚斯引用了一句格言,透彻地道出了自己的美学与阿多

---

① 朱立元:《接受美学》,上海:上海人民出版社 1989 年版,第 17 页。

尔诺那以收束为特征的苦行美学的区别："礼仪是强制的，舞蹈是自愿的。"①

此外，研究审美经验还有意想不到的收获，它不仅为姚斯提供了理论纠偏的可能，而且审美经验本身尚可再划分为作家生产、读者接受、读者通过交往得到净化这三种经验，深入剖析这三方面的经验，非但未背离接受美学重视读者接受的重心，而且将之拓展到一个更加深广的领域中。

更难能可贵的是，"艺术的自愿性为艺术的叛逆性提供了获得解放的机会"②。在姚斯看来，审美经验具有一些独特的结构特征，它特有的时间性允许经验者享受到生活中无法达到或极难忍受的东西；使人重新认识过去的事物或被排挤掉的东西，保持逝去的年华；让人首先抓住未来的经验，在天真地摹仿但又自由地承受的状态下，接受审美经验对生活实践的预先规范与定向。一言以蔽之，审美经验在一个更加坚实的基础上与姚斯的文学史相遇于一点：文学的解放功能。它保持并确证了姚斯接受美学初衷的合理与良善。

我总觉得，只有在像茨威格和陀思妥耶夫斯基这样的作家笔下，我们才能欣赏到对人类心灵和心理如鬼神般深刻、透彻而又精细的刻画。我还记得很早时期读过的一个茨威格的中篇，小说的篇名我已经忘了，但其中的一个细节却让我至今难忘。在一个疗养地，一对母子。其中的小男孩为了阻止单身的母亲与一位男士的接触，想尽一切办法吸引母亲的注意力。他最有效的一招是"我病了"。因为"我病了"，"我"就理所当然地需要"你"全身心的关注，得到更多的"爱"。如果"你"这时还敢想着与人约会，"你"的心中不会充满着愧疚、负罪感吗？那可能的感情不会失色和变味吗？

我私下还觉得，余华早期小说中那种对各种酷刑的迷恋，对血腥和残酷所刻意营造的那种漠然的把玩和欣赏，在现实生活中也是不可想象和极难忍受的。

在苏童《妻妾成群》《红粉》等作品的娓娓叙述中，在冯骥才的《神鞭》

① 姚斯：《什么叫审美经验？》，见刘小枫选编：《接受美学译文集》，北京：三联书店1989年版，第18页。

② 同上。

和《三寸金莲》的铺排渲染中,那些已成过往的人和事以及曾经被排挤掉的事物重新进入了人们的视野,获得了另一种认识;"天真的摹仿但又自由地""接受审美经验对生活实践的预先规范"的最好例子,莫过于五四时期中国的一代知识女性,都不约而同地仿照易卜生"娜拉出走"的姿态,开始自己的现代人生。

姚斯是以现代社会的保护神的英勇姿态来研究审美经验的:"面对正在加剧的社会存在的异化,审美经验在美学的平面上接过了在艺术史上还未曾给它提出过的一个任务:用审美感受的语言批判功能和创造功能来同'文化工业'的服务性语言和退化了的经验相对抗,面对社会作用和科学世界观的多元论,保护他人眼里的世界经验并借以保护一条共同地平线。"①

这是一个过于艰巨而神圣的任务,可能会需要姚斯的全副精力。因此,伴随着"期待视野"在姚斯的文章中渐渐销声匿迹,文学史主题也在姚斯的研究中消隐了。裨补期待视野的缺陷,重建文学史,这是姚斯留下的一个有待完成而至今尚未完成的课题。

在转向审美经验研究之后,姚斯发现,综观整个西方艺术史,审美经验问题一直被柏拉图的本体论和他关于美的形而上学所遮蔽,艺术所揭示的真理高于艺术经验。所谓本体论,就是首先关注艺术是什么?众所周知,柏拉图告诉我们艺术的本质是摹仿的摹仿,艺术与真理或曰理念隔了两层。同时我们也知道,柏拉图对美展开了执拗的、一而再的反复追寻,竭力希望找到那种绝对的、永恒的、放之四海而皆准的"精纯不杂"的美,也就是美的本质。关于柏拉图,另一众所周知的一点就是他主张将诗人逐出理想的城邦。柏拉图排斥诗歌,并不是经验不到艺术的魅力,他之所以要抵挡诗歌的魔力,是因为诗人在诗歌中说的大抵是"谎言"。在这种思想影响下,审美经验自然不可能得到应有的重视和研究。

在西方文学批评和美学史上,古代只有亚里士多德的诗学、现代只有康德的《判断力批判》成为了这一主流之外的两个例外。我们马上就可以看到,姚斯从亚里士多德的悲剧"净化"说中,发现和提取了一个存在于读者

① 姚斯:《审美:审美经验的接受方面》,见刘小枫选编:《接受美学译文集》,北京:三联书店1989年版,第65页。

与作品之间的、审美交流的框架。康德的功绩在于指出了审美经验的无功利特性。但姚斯也认为,即便是亚里士多德和康德也未能形成一种关于审美经验的综合性的、开创性的理论。人们只是考察审美经验的生产功效和成就,很少考察其接受功效和成就,几乎没有考察其交流功效和成就。而生产、接受、交流作为审美实践的三位一体却构成了所有艺术的基础。因而审美经验问题亟待进一步澄清。正如海德格尔基于对西方哲学史的全面考察而发现了存在问题的被遮蔽和被遗忘一样,姚斯对审美经验问题的研究也基于一种类似的重新发现。

同时,姚斯又发现,在人们对文本或审美对象的接受过程中,存在着同化和解释、理解和认知、原始经验和反思行为的现象学区分。在接受者对作品的意义做出解释和认知、对作者的意图做出反思性的重新构造之前,原始审美经验就已经产生于该作品的审美效果之中。姚斯前期的接受美学研究无疑忽略了对这种原始审美经验的研究,因此,对姚斯来说,转入审美经验研究就是重返前期接受美学研究的基础地层进行深入开掘,确实如朱立元先生所说的,是将接受美学研究进一步引向深入。

当然,姚斯最不能释怀的还是其未竟的文学史事业。当初,在探讨姚斯的核心概念期待视野的缺陷的时候,美国的霍拉勃就曾经一针见血地指出,姚斯的症结在于"过分依赖于形式主义的接受理论",将陌生化和新颖性作为"评价的唯一标准"[①]。而陌生化的理论隐患又是由阿多尔诺的具有苦行主义特征的否定性美学埋下的。

经过近十年的潜心研究和思索,姚斯对自己的这一理论失误有了极为清醒的认识。仅在 1977 年初版的《审美经验和文学解释学》一书中,他就不止一次地作了坦率的检讨。在审视审美快感在现代的堕落史时,姚斯承认,除了对通俗文学的讨论以外,他"自 1967 年以来一直提倡的接受美学""假定了,所有接受的基础是审美的反思,从而加入了惊人普遍的苦行主义行列"。并且指出,"这种苦行主义是美学为了对付初级(原始——笔者注)

---

① 霍拉勃:《接受理论》,见《接受美学和接受理论》,沈阳:辽宁人民出版社 1987 年版,第 132 页。

审美经验而加于自身的”①。

在论及弗洛伊德的审美快感理论反衬出俄国形式主义理论的片面性时,他又特意申明:“我的《作为向文学学科挑战的文学史》一书当然还是犯有这种与俄国形式主义学派的进化理论一样的片面性。”②

基于这样一些自我反省,姚斯有意识地将自己对审美经验的理论探讨和历史描述置于与阿多尔诺的否定性美学论辩的立场之上,将审美经验的研究作为否定性美学的一味解毒剂。

正如前面已经讲过的,阿多尔诺在对发达工业社会的文化产业作了深入研究之后,给当代艺术宣判了死刑。他认为文化领域已经完全被商品社会的拜物逻辑和意识形态所渗透,当代艺术的所有审美实践都被降低为消费主义和意识形态的操纵。鉴于艺术领域这一严峻的现实,真正的艺术要想摆脱被奴役的状态,只有对社会采取完全对抗的姿态,彻底否定艺术与社会的所有联系。阿多尔诺所说的否定性是双重多层次的否定性,既要否定艺术作品的不光彩起源,赎出它们在古代依赖于魔术手法、为统治阶级效劳以及纯粹的消遣娱乐等原罪,又要否定艺术与制约它们的现实社会关系。除了用“对现实中尚未存在之物的先期把握”来疏离经验现实之外,还要消解艺术自身传统的完美外观,用不和谐的形式来传达否定性的精神内容。因此,这种否定性是绝对的否定。

阿多尔诺这一极端的否定性思想在对现代文化产业的分析中,显示了犀利的批判锋芒,表明了理论家对现代社会艺术的商品化和人的异化现象的深恶痛绝,因而它理所当然地成为先锋派文学艺术的理论依据。然而这种理论的片面性也是显而易见的。姚斯已经深切地痛感到这种片面性对审美经验研究的极大妨碍,因而不得不挺身扮演为审美经验辩护的角色。

姚斯立足于审美实践的事实,公正地指出,不加批判地谈论当代艺术的“商品特性”,会使人忘记,即使是“文化工业”的产品,也仍然是特殊的商品,不能完全套用商品流通的理论来讨论它的艺术特性。同理,我们也应该实事求是地承认,对于审美需要的操纵也是有限度的。即使是在工业社会

① 耀斯:《审美经验和文学解释学》,上海:上海译文出版社 1997 年版,第 40 页。

② 同上书,第 245 页注①。

的条件下,艺术的生产和再生产也不能决定艺术接受。因为艺术接受不是简单被动的消费,而是基于接受者的赞同或拒绝而进行的审美活动。

在这种对审美事实不动声色的叙述中,姚斯实际上已经勾勒出了阿多尔诺理论必然要面对的两难困境:无论用何种委婉或穿凿的解释或论证,我们都不可能简单地用否定性这一概念统括艺术史。与那些在社会解放过程中发生否定的批判作用的作品相比,人们可以罗列出数量大得不可比拟的积极的或肯定性的作品。何况在阿多尔诺的心目中,几乎所有传统的作品都被划入肯定性的作品之列。

四、审美经验的诡谲双面

阿多尔诺最终都没有解决这一恼人的肯定性作品问题。倒是姚斯代为作了较为辩证的解说。他说,其实,肯定和否定并不是艺术与社会的辩证法的两个定量,它们在接受的历史过程中受制于一种奇妙的视野的转变,经常会转变为各自的对立面。就好像被阿多尔诺笼而统之地划为肯定性作品之列的经典作品,其肯定性也并不是生而有之的,而是由传统的力量附加在它们之上的。在它们产生之初,它们往往堪称否定性的最优秀范式。然而,像所有具有否定性特征的作品一样,它们在接受的过程中势必失去其最初的否定性。当公众的情感被否定性激发起来并专注于这种刺激的时候,他们就不可避免地从对否定性的惊异转为对否定性的欣赏,否定性因而被中性化。

在现实中我们也常常会碰到这样的现象:当人们看到文学或者理论界一匹所谓的"黑马"跳将出来,号称要打倒权威的时候,最初的反应可能是震惊,许多人的震惊就造成了社会"轰动"。"轰动"标示出"黑马们""异军突起"时所包含的巨大的否定能量。对这样的"轰动",公众最初可能会心里小有不以为然,但很快,这种带有否定性的情感就会发生改变。许多人可能会觉得,姑且不论他们的观点如何,单就他们敢于挑战权威、蔑视既成秩序的勇气而言,就甚为可嘉。而且,当公众的好奇心被激发起来之后,他们甚至会对"轰动"产生后续的期待。在此过程当中,否定性已经明显地被中性化。

姚斯接着分析,当这些具有超越惯常标准和期待视野的历史能量的作品在转变为经典作品之前,又必须付出第二次改变视野的代价,而这一次改变再次否定了它们问世时所带有的第一次否定。这第二次否定就是与它们在第一次否定中颠覆了的秩序重新和解,使它们与那些颁布文化法令的机构同化,把它们在刚发表时否定其合法性并大加挞伐的权威性传统作为文化遗产而重新肯定。

结论是:审美的狡黠就通过这样的视野改变,造成了并同时也掩盖了这么一个事实,即艺术的否定性通道不知不觉地通向了传统的进步的肯定性。因此,从更宽广的视野来看待,艺术史总呈现为钟摆状运动,在“超越的功能”和通过解释同化作品两者之间来回摆动。

我刚读到这一被姚斯名之为“审美的狡黠”的理论现象的时候,有一点小小的着迷。也因此,借着《中华读书报》上“我心目中的20世纪文学经典”的评选活动,试图使姚斯关于经典的看法能够更加广为人知。因为当时报纸限定字数在千字以内,篇幅很短,不妨再看一遍:

经典如何孕育而成?

在忙着给本世纪的文学作品排定座次之前也许听一听德国的文学史理论家汉斯·罗伯特·姚斯对经典作品产生过程的描述不无裨益。他说,经典作品的特质就是在社会肯定的传统中增加否定性的最优秀范式。回想绝大多数已然得到公认的经典作品,它们在问世之初,常常是最具离经叛道色彩的,其超越惯常标准和期待视野的历史能量之大,往往让当时的观众为之愕然、哗然、愤然。然而,无论是对社会伦理规范的否定,抑或形式的全面创新,都不能保证其在文化的接受过程中永保其先锋性。当公众被一种令人骇异的刺激激发起来并专注于这种刺激的时候,抗议、批判、叛逆等否定性的表达就不可避免地导致对这些否定性举动的欣赏。否定性随之中性化。在转变为经典作品之前,该作品还必须付出第二次否定的代价。这一次否定再次否定了它在产生之初带有的第一次否定,将它自己在刚发表时否定其合法性并大加挞伐的权威性传统作为文化遗产重新肯定下来。成为经典的过程就是与自己亲自杀死的传统之父重新和解并同列宗庙的享堂接受后人祭祀的过程。

20世纪是现代派文学独领风骚的世纪，文学的现代性表现之一就是抵抗庸俗。各路先锋实验文学标新立异，与日益沉沦于日常话语中的平庸语言抵抗，与已经为接受者熟知因而导致阅读的自动化和感受的麻木的传统叙述形式抵抗，最后还与文学的商业化和意识形态奴性抵抗。文学因而一度构成对社会的彻底而全面的否定。然而近一个世纪的时间淘洗，它们已逐渐获人欣赏并呈现出越来越受人礼拜的趋势。它们构成了我们今天这场经典选拔赛候选名单的主体，就是准备与传统重新握手言欢的最好证明。我们的选举只是它们跻身传统新行列的加冕仪式。

我们对米兰·昆德拉的认同，首先植根于他小说中的时空与我们一度身处的生存环境十分相似，其次是对他在与我们相似的境遇中表现出迥异的思考向度和罕见的思维深度感到新异，再次是他小说的独特形式向我们展示了通常意义的哲理小说之外的别样天地。加缪是所有哲学家型的小说家中文学味最为纯正的一位。《围城》使人明白何谓人之至察，惊悚于人类的弱点在作者的眼光下昭然若揭、秋毫无遗。《故事新编》则是一本严肃的游戏之作，在庄严中透出反讽。雅俗共赏、风靡不衰的爱情小说《飘》表现了人类激情不受理智驾驭的悲哀与无奈。与这一产生于世纪前半叶的爱情经典相比，当代《廊桥遗梦》《泰坦尼克》等大片所谓“惊天地、泣鬼神”的爱情鼓噪都不过是偷情而已。

我知道有些文学趣味比较纯正的人，对《飘》怀着一丝轻蔑，认为它只是一本通俗畅销小说。我所说的是郝思嘉对艾希礼那份不能被理智管束、飞蛾扑火般的情感，反映了人类某种共通的无奈。正如莎士比亚曾经感叹过的：理智在激情面前，就如同火里的一根草。就此而言，即使是通俗畅销小说，也不妨碍其表现的深刻。这就像张爱玲，乐此不疲地在报刊的通俗小说中披沙拣金，化“垃圾”（其丈夫赖雅语）为神奇。此外，对南北战争和“随风而逝”的南方种植园生活的全景表现，也使这部小说会永远在美国人心中保有一个特殊的位置。

回到姚斯与阿多尔诺的论辩。否定、中性化、再次否定以及最后达致肯定，如此复杂而辩证的过程，在阿多尔诺那里被绝对化为纯粹的肯定或否定。其简单粗率的作风由此可见一斑。

袭用这种纯粹主义的作风,显然也无法充分理解前自主期艺术的社会功能。对处于早期的、尚未独立自主阶段中的艺术,阿多尔诺一方面不断地谴责其对社会的肯定美化作用,另一方面又试图悄悄地通过否定性来拯救这些作品,声称即使是肯定性作品,生来也具有争论性,它们通过强调与经验世界保持着距离来表明,经验世界本身必须变成另一个世界。

在他斥之为肯定性的作品中,阿多尔诺努力从中找到否定的痕迹。姚斯认为,与其这样凭空穿凿出一个否定性来,不如改用别的评价标准来认识艺术的社会功能。否定性这一概念在解释艺术的社会功能方面的无能,是因为它"非此即彼"的直线思维阻断了审美实践的交流行为,因而无法描绘出审美经验在社会规范的形成、巩固、升华、嬗变中所起的作用。

就比如被阿多尔诺贬斥得一文不值的所谓"为统治者服务"的宫廷爱情文学,尽管用肯定的目光美化了贵族夫人,似乎是拜倒在石榴裙下,显得非常的"奴颜婢膝",但恰恰是这样的"肯定"文学,却对一种新发展起来的爱情伦理学表达了实际认同。从社会历史的角度观之,这种文学对于情感的解放贡献非常之大。如果说在宫廷爱情小说中已经出现了对支配着婚姻和禁欲主义的基督教教规的无声否定,那么,这种含蓄的否定对当时的公众来说,不是排除而是包含了肯定性。这又一次证明了姚斯所说的,否定性与肯定性不是非此即彼的两个定量,不仅可以相互转化,而且可能互相包含。

否定性概念与交流的势不两立还可能使阿多尔诺断送掉他本人倡导的新的启蒙运动。因为很显然,纯粹的否定性要实现向新的社会实践图式的转换绝非易事。所以,如果阿多尔诺与先锋派的艺术家们不想让他们对文化产业与意识形态操纵的抵抗仅仅流为一纸空谈,而是转化为现实的颠覆力量,并进而形成新的规范,就必须将他们破除规范的理论和实践形式,转变为审美经验创造规范的成就,就不得不重新疏浚被否定性堵塞的交流通道。

由此可见,阿多尔诺美学理论的力量和无可替代的价值,很大程度上是建立在深刻的片面之上的,是以牺牲全部交流功能为代价的。而当代艺术在社会领域中的交流功能,并不会因为阿多尔诺的有意忽视而销声匿迹,相反,它只会随着未来人类的解放而不断加强。伴随着交流功能的被漠视,艺术的接受和具体化的整个领域也成了阿多尔诺否定性美学中的现代主义的牺牲品，大家应该还记得阿多尔诺明确表示，艺术的社会功能存在于对社会接受的抗议之中。而这正是作为接受美学理论的倡导者姚斯坚决不能接受的地方，因为，在接受美学看来，阐释者和社会的一切接受手段正是作品的历史生命之所在。

姚斯列数否定性美学的不足，是否意味着他力求标明自己与阿多尔诺的针锋相对呢？事实上，需要说明的是，对于大众文化，姚斯也与阿多尔诺一样，持一种精英的批判的立场。他把大众传媒凭借其信息的巨大数量和接受时间的加快而压倒高雅文学这一逼人的现实，也视作文学教育履行“批判的社会功能”[①]的失败。

那么，姚斯的真实目的是什么呢？姚斯只是想充分展示否定性概念的非辩证性，以便引进审美经验的双重性来超越之。考察审美经验的历史，姚斯发现，审美经验拥有诡谲的双面，既能表现出逾越规范的作用，又有为统治当局利用、为处于实际苦难中的大众提供审美安抚的不良记录。

审美经验的双面性亦即审美经验的歧义性和不可驾驭性，它可以说是柏拉图的遗产，在柏拉图的理论中可以找到对它的最早表述。柏拉图认为，人们通过对尘世的美的沉思，可以激起对已丧失的超验的美和真理的回忆。就美是人神之间的中介而言，美具有最高的尊严。

但这种美的中介却也有误导人入歧途的危险。比如，天主教的圣母圣婴像，从本意上来讲，应该是希望传达诸如圣洁、牺牲、博爱等价值的，但张爱玲却只从中得到了这样的观感：“圣母不过是一个俏奶妈，当众喂了一千余年的奶。”

这个例子表明，人们对美的感知并不必然返回到超验的完美事物，人们也许就此沉溺于必不可少的感性现象以及由此带来的游戏快感中。就美放纵人们的情感而言，审美经验是一种极其危险的力量，因而又必须在理想国中禁绝。

柏拉图的遗产在西方美学史上代有传人，康德、卢梭、克尔凯郭尔，等等，他们都用一种充满狐疑的眼光来看待艺术经验，阿多尔诺的否定性美学只是这一遗产的最新继承人。

---

① 弗拉德·戈德齐希：《审美经验和文学解释学·英译本导言》，见耀斯：《审美经验和文学解释学》，上海：上海译文出版社 1997 年版，第 4 页。

正如柏拉图在认识到美的难以把握性而对美充满戒心一样，阿多尔诺在含混不清的美的力量中识破了统治者利益的伪装和抑制，并且相信，只有摆脱对经济的从属和所有不正常的交流的操纵、给真实的意识建立起一块阵地，艺术才能够摆脱“虚假意识”的恶性循环。因此，为了使艺术在不受统治的状态中重获纯粹性，在一个腐败的社会中必须首先将它中止。

姚斯认为，这种为了未来审美的乌托邦理想而不惜对现有审美经验采取玉石俱焚的简单处理方法，显然是殊为不智的。审美经验的双面就像一柄双刃剑，既可以腐蚀人们对审美经验的信任，又同样可以回击人们对它的怀疑。因此，尽管像阿多尔诺、阿尔都塞等泛意识形态批判的骁将们，都恨不得将审美经验推上意识形态批判的断头台，但真实的历史情况却是：审美经验创造规范的功能常常并不像阿多尔诺们断言的那样，必然滑到受意识形态操纵的适应过程中去，并最终变成对现存状况的肯定。

在艺术史上，艺术曾经多次处于臣属的地位，那些时代要比我们的时代更有理由证明艺术衰落的预言。但是，姚斯令人信服地论述了，“迄今为止，在每一个对艺术抱着敌意的时期，审美经验总是以出乎意料的新形式出现。之所以这样，是由于它能够智胜禁令、重新解释教规或者发明新的表达手段”。“审美经验的这种基本的不可驾驭性也常常表现在它经常要求的那种自由中，这种自由一旦得到就很难再被剥夺。这便是提出古怪问题的自由，或是以虚构的故事的伪装暗示这些问题的自由。”①

在上世纪90年代，有一部被影院海报非常噱头地冠以“少儿不宜”的电影叫《天堂窃情》，影片实际上是根据12世纪法国经院哲学家阿贝拉尔和他的学生爱洛伊丝的真实故事改编的。顺便插一句，后来卢梭将自己的一部长篇书信体小说就起名叫《新爱洛伊丝》。影片中一位教士在宣讲的时候说，上帝是按照他自己的形象创造了人。于是，年轻而调皮的爱洛伊丝就心直口快地提出了一个“古怪”的问题：那（像人一样的）上帝需不需要一个女人？

在这些问题和故事中，“一整套设定的答复与受官方允准的提问一起，确认了对于世界的成规式解释的叛离，并使这种叛离合法化。这种提问和

① 耀斯：《审美经验和文学解释学》，上海：上海译文出版社1997年版，第18—19页。

回答的越界功能既可在虚构文学的曲折小径上找到，也可在接受神话这样的文学过程的通衢大道上发现"①。

姚斯的立场与阿多尔诺的审美纯粹主义完全不同，他在对审美经验的诡谲双面进行充分的非神秘化的基础上，试图驾驭审美的狡黠，以证明审美经验研究在当代的合法性。

至于审美经验如何能够弥补否定性美学的缺陷，完成姚斯寄望于阿多尔诺和先锋派艺术家们实现的功能，即如何能够既否定现实又创造规范，既实现对艺术商品化和意识形态操纵的抵抗，又能够完成自身新启蒙运动的事业？姚斯认为答案就存在于上面提到的审美经验的那种自由之中。这种自由包含在康德对鉴赏判断的解释中："鉴赏判断本身并不假定每个人的同意"，"鉴赏判断只设想每个人的同意"，"这不是以概念来确定，而是期待别人赞同"②。无论在生产方面还是接受方面，审美经验都秉有自愿的特征。审美判断有赖于其他人的自由的赞同。这一点就使得人们在规范形成的过程中参与其间，而且也构成了审美经验的社交性。

---

① 耀斯：《审美经验和文学解释学》，上海：上海译文出版社 1997 年版，第 19 页。

② 康德：《判断力批判》上卷，北京：商务印书馆 1964 年版，第 53 页。

第三讲　姚斯的审美享受和审美认同理论

审美经验之所以与苦行主义相背而行，是因为它能够给人们提供审美享受和审美快感；审美快感存在于审美经验的各个方面：创作、感受、净化。它们构成了审美经验的三位一体；净化包含着接受者和他的审美对象认同的要求和行为的模式，因而是一个交流的框架；在此框架当中，处于审美享受中的接受者主体与他的审美客体之间，可以自由地展开多种模式的审美认同。

在本讲中，姚斯对审美经验研究所涉及的这些关键问题，展开了清晰的理论考辨和扼要的历史分析。他在这两个方面的工作，都立基于和阿多尔诺论战的立场。

一、享受他物中的自我享受

利用审美经验的双重性也同样可以重新评价遭阿多尔诺放逐的审美享受或审美快感。阿多尔诺是耻于谈论“享受”和“快感”的。在他看来，这纯粹是庸人习气，是把艺术与厨房里的食品或色情作品等量齐观，是对消费和低级趣味的迎合。

自然，审美快感还是当代文化产业的先决条件，这种文化产业就是利用审美快感为人们提供一种虚幻的满足，来对人们的审美需求进行操纵。而这种文化产业又是为隐蔽的、统治阶级的利益服务的。因为资产阶级就是想让艺术成为奢华的，作为对普通大众禁欲式、有缺憾的实际生活的安抚。阿多尔诺认为，也许二者的位置颠倒一下更为合适，艺术不取媚大众，保持遗世独立，而实际生活能够奢华一些，变得更理想。因此，为了保持精英艺术的批判和颠覆功能，就必须坚守艺术的苦行特征，拒绝快乐和幸福。

经过否定性美学的一番批判,审美快感声名狼藉,成了一种禁忌,人们不敢染指这一当代资产阶级的特权。姚斯要告诉大家的是,否定性美学和意识形态批判已经使"享受"这个词变得面目全非。其实,德文的"享受"一词在德国古典主义以前曾经拥有非常崇高的地位。它的固有含义是"参与与占有",基本上和"与上帝分享"同义。"快感"来自信仰者自信上帝与他同在。此外,还有反思的快感、智力的快感。最后,在歌德的《浮士德》中,享受这一概念涵概了包括最高的求知欲望在内的所有经验的层次,如对生命的享受、行为的享受、意识的享受,一直到对创造的享受。换言之,审美享受和审美快感之所以在当代地位如此不堪,是因为中间经历了一段堕落的历史。

那么,审美快感的堕落过程具体是如何体现的呢?

从古代到现代,人们对享受态度的反思一直主要从属于修辞和伦理道德的讨论。亚里士多德将悲剧的快感追溯到模仿快感的双重根源:对模仿的完美技巧的赞叹以及在模仿中识别出模型的欣悦。比如说,上世纪80年代中后期被归为新写实主义作家之一的池莉,将日常生活的琐屑和烦恼描写得纤毫毕现,自然能够引起文坛的注意和赞赏。除此之外,当人们从她的小说《生活秀》里面认出,女主人公来双扬是以武汉汉正街的某个卖鸭脖子的女摊贩为原型的时候,读者就可以感觉到另外一种识别的快感。亚里士多德认为,这后一种快感来自于人类的认知本能。除此以外,悲剧还有净化的快感:观众把自己认同于剧中所描写的角色,放纵自己被激发起来的情感,然后为这种激情的宣泄而感到愉悦。

奥古斯丁区分了人的五官的肯定性与否定性的感觉,把它们视为对感官快乐的好的利用和坏的利用,由此规定了审美经验的两个方向,前者面向上帝,后者则面向尘世。奥古斯丁认为,只有在转向上帝的"享受"过程中才会出现与存在的完美和谐的关系。但这种唯一合法的享受也有慢慢地转变为朴素的感官快乐的倾向,在审美上被一种因艺术手段而得到加强的感性经验所吸引。就好像我们上一讲提到的圣母圣婴像,如果透过静穆慈爱的圣母沉思玛利亚圣洁受孕,从圣子活泼可爱的样子默想到耶稣将要走上十字架而为全人类赎罪,那画像或者雕塑给人的感官快乐就是正当的。但如果像张爱玲一样,只看到了玛利亚的丰盈俏丽或者洋溢在母子之间纯粹尘世的温馨，抑或干脆被描绘或者雕刻这一画作或雕像的名家大师的精湛技艺所吸引，沉溺于艺术的精美中不能自拔，那么这种感官快乐在奥古斯丁看来则是合法享受的蜕变。

姚斯认为，奥古斯丁的本意，是要防范人们的审美好奇心从感性经验中获得快感，而丧失专注于上帝的内向性，但无意中显露了审美经验冲破藩篱的狡黠特性，成为使审美经验得以具体化和自我肯定的第二个重要事件。

历史上关于审美经验问题探讨的第三个事件是高尔吉亚言语效果理论的提出。高尔吉亚是古希腊著名的修辞学家，他认为言语可以消除恐惧和苦难，唤起喜悦和同情。从这种语言的情感功能发轫了强调净化效果的交流功能的修辞学传统：被言语或诗歌所激起的个人情感的审美享受是一种诱惑，它使个人在哀婉动人的词句的打动下，任人驱使，然后获得道德感上的平静。

早就有人指出，曾经风靡华语世界的电视辩论赛，就是这种修辞学传统与现代传媒的技术手段结合的产物。辩手们一个个被训练得巧舌如簧，辩手们与观点之间并没有确信的关系，正题或者反题完全由抽签决定，所以瞬间可以翻手为云、覆手为雨，比赛只是充分展现了辩论的技巧和言语的情感效果。

修辞显示了审美诱惑的矛盾性，它可以是善意的并且让听众迷醉，比如马丁·路德·金争取黑人平权的演说；但也可以把听众引向邪恶，据说当年希特勒的演讲就非常蛊惑人心。修辞学传统中表现出来的审美手段的二重性，在历史上屡屡遭人指责。浪漫主义就是因为不满于全部修辞教育的人为性而抛弃了修辞美学，转而用天才美学取而代之。

正是从浪漫主义开始，艺术的全部可娱经验，也就是可以提供享受和快感的经验开始衰落。到了当代，快感这个词一度曾经拥有的崇高含义已经所剩无几。它所受到的指责当然还是以来自阿多尔诺的否定性美学为最。在阿多尔诺的意识形态批判中，修辞学的说服和诱导就被转变成了舆论和操纵。

历史的回顾具有无可比拟的雄辩力量。姚斯借此想要说明的仍然是，审美快感的堕落还是根源于审美经验的双重性。它积极的一面为它在古代赢得了尊崇，它消极的另一面又使它在当代招致诽谤。局限于否定性与肯定性的圈子,依然无助于对审美快感的冷静探讨。而审美快感无疑是研究审美经验不可或缺的因素,因为原来在接受研究中被人忽视的原始审美经验就产生在对于作品的快乐的理解中。

这一点也是姚斯之所以要“重返审美经验”的重要理由。因为在上一讲中我们已经提到,姚斯发现,在人们对文本或审美对象的接受过程中,存在着同化和解释、理解和认知、原始经验和反思行为的现象学区分。接受者在对作品的意义做出解释和认知、对作者的意图做出反思性的重新构造之前,就已经感受到了同化、理解等原始审美经验,而原始审美经验的审美效果自然就是快乐的。

而且,即使是阿多尔诺这位否定性美学的最坦率的先驱者,也清楚地认识到所有禁欲主义艺术的局限性:如果把快感的最后一点痕迹也铲除干净,那就很难回答为何还需要艺术作品这个问题了。这是一个非常朴素的道理:如果小说写得很乏味,那谁还读小说?如果电影拍得非常差劲,谁还会没事去电影院呢?你说审美具有教育、造型、解放等功能,那用学术论文来论述岂不更加清晰透彻直截了当?对于这个可能威胁到艺术存在的依据的问题,阿多尔诺还是像对待肯定性作品一样,将之搁置一边,不作正面回答。

那么,审美快感是由什么形成的呢?审美快感与普通享受的区别何在?姚斯认为,有必要对其内在的理论机制进行探讨。姚斯并没有别创新论,而是返回到历史的资源当中去寻找启示。

康德的无功利快感论,以及关于审美距离的定义首先进入姚斯理论考辨的视野。康德认为,当自我完全被吸引到初级快感中时,只要快感持续着,它便完全是自足的,与生活的其他方面毫不相干。这就是快感的无功利。同时,审美的满足需要一个附加因素,即采取把客体搁置起来的立场,以使这种客体成为审美的对象。这后一点非常容易理解。试想,如果俄狄浦斯杀父娶母的悲剧没有与观众保持一个安全的距离而成为一个审美对象,观众阅读或者观看这一悲剧都可能遭受类似俄狄浦斯的命运,那恐怕没有一个人能够从中感受到什么审美的满足,只剩下残酷和生存的荒谬感了。

路德维希·吉泽指出,无功利和审美距离这两个标准还不足以把审美享受与理论姿态区别开来,因为后者也有距离。审美态度的要求是,有距离的对象不应该仅仅是非功利思考的对象,观察者还应该参与生产过程,想象这一对象。这一点确实可以将理论姿态区别开来,因为理论活动恰恰要求排除个人的主观因素羼杂其间,注意观察事实真相,摒弃任何个人想象。

对吉泽的想象行为,萨特用现象学方法作了分析,他说,审美经验中拉开距离的行为同时就是想象意识的一种创造行为。这种想象意识必须否定已经存在的客体世界,以便通过它自己的活动,按照审美图式,生产出非真实的审美对象。

萨特的意思被姚斯解释得更清楚。通过仔细审察萨特的分析,姚斯又发现一个问题:如果说美的东西必定是想象的,那就一定要求观察者通过他的沉思行为去构造审美对象。反之,说想象自身就是美的,或者说想象行为必然产生审美快感则是行不通的。换句话说,观察者通过想象行为,在客体世界中附加了什么成分,使客体世界变为审美对象,从而使自己享受到审美快感。姚斯认为,这种附加成分是在想象行为中,主体与客体发生相互作用时产生的。

可以试着分析一个具体例子。我们知道,《青春之歌》是杨沫一部带有很强自传性质的小说。那么,小说中的林道静就是女作家杨沫本人吗?当然,我知道中文系的学生决不会如此有失水准地直接回答是,但想过为什么不是吗?或者说,你能解释清楚这里面的道理吗?

我们知道,一般女作家描写自己在作品中的投影时,常常会将现实中自己希望拥有而可能并没有拥有的理想外形和品质赋予作品中的“自画像”,这就是作家想象意识的一种创造行为。按照吉泽的说法,这种想象意识必须否定已经存在的客体世界,也就是作家真实的样子和品行,以便按照审美图式,也就是作家理想中的形象,生产出非真实的审美对象。这一创作的审美经验同时也拉开了作品中的“自画像”与作家真实自我的距离。所以林道静并不是女作家杨沫。

姚斯的解释虽然基本上是对吉泽说法的准确发挥,但似乎更着重于审美经验的接受方面。我记得自己初一第一次读《青春之歌》的时候,说实话,后面的情节和故事还没有怎样让我有什么特别的感觉,但小说开头林道静的出场却让我十分着迷,以至于我向我身边的所有同学都推荐了这部小说。仔细想来,让我着迷的其实也就是当时我觉得非常美的林道静的形象,那个准备到海边自寻短见的白衣女子,在我的想象中忧郁而脱俗。在姚斯看来，呈现在我想象中的这一美丽女性，并不是我的想象行为的直接产物，而是作为读者的我通过沉思行为构造而成的，而构造的想象行为的关键，是在客体世界（五四时代可能的一个女青年）中附加了诸如无助忧郁、清新脱俗等成分，而使这一五四时代的普通女子变为我的审美对象，从而使自己享受到审美快感。同时，姚斯还特别指出，这些附加成分，是我在想象行为中作为主体与作品中的人物客体发生相互作用时产生的。

再说一段后话，正因为我的头脑中预先存在着这样一个审美对象，所以当我看到电影《青春之歌》中的林道静时，心里非常失望：林道静怎么可能一开始就显得这么"壮硕"而坚定？

以上就是姚斯所完成的有关审美享受现象的理论接力。我们现在可以对姚斯的这一理论接力扼要作一小结：

当主体在审美中发挥从自己的无功利中获得的自由的时候（康德），采取的是一种与非真实的审美对象相对立的立场（萨特），在逐渐揭示审美对象的过程中实现对客体的享受（吉泽）。与此同时，主体借此活动从日常生存中超拔解脱出来，从而又享受了主体自身（康德）。最终，在享受他物中的自我享受这一辩证关系中，审美快感得以产生。

"在享受他物中的自我享受"，这一审美快感的定义是姚斯通过理论接力所获得的结论。他认为这一定义恢复了享受这个德文词"参与与占有"的古义。通过想象意识构造行为的"参与"，主体在"占有"一种关于世界意义的经验时（这一意义的经验是作者通过作品告诉我们的）经验其自身。这样，主体自己的生产活动（想象、构造）和对他人经验的接受活动就揭示了这个世界的意义，审美享受在无功利的思考和试验性的参与之间的平衡状态中打开了审美经验交流的大门。

二、审美经验的三位一体

审美快感可以存在于审美经验的不同方面，对于生产意识来说，审美快感表现在把创造世界作为自己的工作中；对于接受意识来说，表现在对人们感受外部或内部现实知觉的更新中。所谓的内部现实，主要指的是精神、心理世界的现实。感受知觉的更新，也就是视野的改变；最后，接受者与艺术作品的相互作用开辟了通向互为主体经验的交流道路。创作、感受、净化三个概念因此浮现出来。它们分别代表着审美经验的生产、接受和交流的方面。

三个基本范畴各自功能独立，虽不能相互还原，却可以用不同的方式联接。比如，创作者可以经历由创造向接受态度的转变，以接受的态度对待自己的作品；接受者如果认为审美客体不完美，也可以放弃沉思的态度，通过表现这个客体的形式和意义而成为创作者。不一而足。它们共同构成了审美经验的三位一体。

姚斯认为，创作的审美经验历史，是审美实践一步一步地从各种束缚中解脱出来的历史。它的目的，是致力于具有创造性的人的实现。在实现这一目的的过程中，艺术充当了主要工具。姚斯发现，“具有创造性的人的实现”这一目的的必然性，早在“创作”一词的形成过程和《圣经》对“创作”的解释中就已经包含其中了。先来看“创作”一词的形成过程：

在古希腊传统中，所有生产的创作活动都隶属于由奴隶实施的实际生活实践，因而位列社会生产的最底层。因此，在柏拉图那里，“创作”一词具有特别朴实的含义：一切从无到有的过程都叫“创作”，比如工匠制造出一个汲水的陶罐、搭建一座简陋的木屋，都是“创作”。后来，哲学家海德格尔特别推崇这种从日常生活实践中生长出来的哲学概念，称之为“源初的”概念。

亚里士多德已经在他的知识等级中，将从事技艺的工匠与艺术家的活动从奴隶的劳动中区分出来，而且还特别将艺术活动归入最高等级的理论知识范畴，认为这一领域的创造能力，从本质上讲可以达到尽善尽美的程度。

然而，正如德国的汉斯·布卢门伯格阐明的那样，即便如此，只要技术的和审美的工作还只能是复制自然在人面前设置的典范的、具有约束力的、本质上完善的东西，人就不能够把他的活动看作是创造性的，是在竭力实现尚未实现的思想。因此，艺术的生产还必然会冲破“模仿自然”的限制。

审美经验发现艺术是独创性的领域，是创造人的世界的典范这一过程，还可以在《圣经》创世的那段历史中找到其合法的渊源。《旧约全书·创世记》第1章第26节这样记载：

神说:“我们要照着我们的形象,按着我们的样式造人,使他们管理海里的鱼、空中的鸟、地上的牲畜和全地,并地上所爬的一切昆虫。”

对这段经文不同的解释,导致了对人在上帝创造的自然中的活动和地位的双重理解:一方面,人是上帝的造物,他的天职是为上帝服务,协助完成上帝的工作;但另一方面,他的职责也可以被解释成对世界实行支配和统治,并通过他的工作使之变成一个人类的世界。

正如古典的模仿说必定为审美经验的创造概念所冲破,人对世界的态度也必然从服务向统治转变,从而在艺术方面对创造这个概念提出所有权的要求。审美经验生产由古及今的历史就是一部使这种必然化为现实的历史。

历来,人们用完美的技巧以及诗人完美地表达所有原来可能被日常生活需求和习俗所湮没、压抑或得不到承认的事物的能力来衡量艺术生产能力,这样,审美经验的生产能力就与其净化效果契合:诗人将自己的经验转化为文学,而在对作品的成功充满喜悦之际,同时也就获得一种与他的读者分享的精神上的解放。

但是从一开始,作为人的生产能力的审美经验,同时也就是创造性的艺术家所碰到的一种限制和抵御的经验。这实际上也就是“模仿自然”理论的限制。在天才美学之前,人类的艺术产品只是引发出一种以自然为极限和理想的规范的经验。艺术家无法穷尽这种极限和限制,更不用说超越了。他们只能模仿,最多也只能将自然遗留下的未完成的模型加以完善。

根据现代考古研究推测,古希腊人的真实体型可能并没有像我们后来看到的维纳斯像和米开朗基罗的大卫塑像(虽然表现的是犹太人的大卫王)那样完美,那么符合人体的黄金比例。将自然遗留下来的模型加以完善,对主观美学诞生之前的艺术家来说,这就是他们所能做到的“创造”的最大限度了。

自主观美学问世以后,伴随着现代抒情诗歌的审美观念,艺术家的创造转变成为一种针对自然的抗拒性和模糊性的活动。创造性的审美经验就不仅是指一种没有规则和范例的主观自由的生产,或者在已知世界之外去创造出别的世界;它还意味着一种天才的能力,要使人们熟悉的世界返璞归真,充满意义,用审美经验的最高权威来完成感觉的更新和对受压抑的经验再认识的任务。就好像我们前面提到过的池莉的小说《生活秀》,在一定的程度上,使人们用一种更新后的眼光,重新打量一个汉正街上卖鸭脖子的女人,完成对原本不太受人注意的生活经验的再认识。此外,现代的创作概念还发生了新的扩展,那就是接受者的共同创造过程也成了创作概念的题中应有之义。

姚斯对感受的审美经验历史的回顾,实际上也是他对当代审美经验的新发展向当代美学提出的挑战所作的直接回应。回应的方式表明,他对现代艺术所作的评价和判断,也与阿多尔诺的否定性美学截然不同。那么,什么是当代审美经验的新发展呢?

审美经验的发展在当代遇到了大众传播媒介的有力挑战和强大威胁。魔术般的技术革新极大地拓宽了审美经验的领域,使它超越了所有世俗传统认为天经地义的限制,但是,伴随着感官的空前解放,以新的诱惑性刺激来无意识地"操纵"感知意识的可能性也就越来越大。一方面,艺术在社会中完全被边缘化;另一方面,纯消费的艺术与能触发人们思考的艺术之间的对立不断加深。因此,如何填补大众艺术和神秘的先锋派之间的鸿沟,就成了审美理论的中心问题。

在这种感受的危机中,阿多尔诺深奥的现代美学与本雅明通俗的现代美学出现了最尖锐的分歧。根据前者的否定辩证法,所有的艺术都成为意识形态批判的牺牲品,根据后者的"灵晕"理论,艺术则仅仅作为极少数人的避难所而幸存下来。相应地,阿多尔诺的美学主要发展了一些关于未来艺术的乌托邦理想,而本雅明则鼓吹返回到艺术气氛的孤独经验中去。

姚斯显然无法同意阿多尔诺和本雅明的观点,他赞成 D. 亨里希对现代艺术的公允评价。亨里希认为,当代艺术"必须重新加以理解",它们应该被看作人们试图"使机械的、用技术生产出来的物质世界以及信息的洪流""变得令人能够忍受和熟悉,并成为一种扩展着的生活感情的基础。而传统的生活方式对那些东西是无法承受的"①。

姚斯追溯了从古代荷马一直到现代普鲁斯特的感受经验,就是想为亨里希的解释提供依据,表明这样一种结论:人类感官的知觉并不是人类学上

① 耀斯:《审美经验和文学解释学》,上海:上海译文出版社 1997 年版,第 93 页。

的某种常数,而是随着时间的流逝而变化的;艺术的功能之一便是在变化着的现实中发现经验的新类型,或者是对变化着的现实提出不同的解决方法。而20世纪的艺术是对一个技术化了的世界的挑战的回答。

在变化着的现实中发现经验的新类型,对变化着的现实提出不同的解决方法,这实际上也是艺术对社会的造型和解放功能在一个物质化和技术化时代的继续实现。显然,姚斯对待艺术的这种与时俱进的积极态度,表现出了与阿多尔诺明显的不同。

净化,指的是当人们受到讲演或者文学作品激励时,他们自己的情感所产生的快乐,能够造成他们信仰的变化和思想的解放。姚斯用这一概念来阐述审美经验的交流方面,它直接取自亚里士多德的净化理论。

姚斯认为,亚里士多德的净化概念是以虚构一个或为真实或为可能的客体为先决条件的。这里面的表述有一点点令人费解:虚构一个可能的客体,这讲得通。什么叫做虚构一个真实的客体?这跟亚里士多德净化理论的来源有关。亚里士多德是在论述希腊悲剧的效果时提出"净化"这一概念的,而希腊悲剧大多取材于那几个众所周知的家族,如阿伽门农家族、俄狄浦斯家族。因此,悲剧中的主角虽然不免虚构的艺术加工,但在历史中却实有其人,这就叫"虚构一个真实的客体"。当然,希腊悲剧的主角也不一定实有其人,但在这种情况下,按照亚里士多德本人对文学的理解,作家虚构的人物反而必须更加符合必然律或者可然律。所以合起来叫做"或为真实或为可能"。

那么,虚构的客体具有什么作用呢?姚斯指出,一方面,虚构的想象之物保持着现实所具有的力量,能够唤起我们的激情,在我们内心引起震荡。另一方面,虚构保证了其结果又不表现为任何真实之物,它所激发出来的感情能够作自身消耗,接受者的感情由此得以纯化和净化。比如,戏剧中俄狄浦斯的悲剧命运先是以其逼真的力量引发观众强烈的同情和怜悯,但同时,剧场里的观众又是绝对安全的,他们不必像俄狄浦斯那样,在承受无可逃避的命运播弄之后自刺双目和自我放逐,因而被激发出来的同情和怜悯又能够得到无后果的宣泄,从而使自己得到平静和愉悦。

虚构在柏拉图的艺术本体论中是一个很大的缺陷,但到了亚里士多德这里却转变成了净化论审美经验的优点,创造出了审美经验特有的无功利性的兴趣。对亚里士多德来说,正是悲剧的想象性对象、悲剧的远离实际生活目的的情节,才使观众得到自由,从而在与主人公的认同中,他的感情比在日常生活中更能无拘无束地激发出来,并能更完全地消耗自身。因此,作为实际生活行为的对立面的净化,和观众与悲剧主人公的认同,这两者之间并不存在任何矛盾。不如说,净化包含着认同的要求和行为的模式,它是一个交流的框架。在这个框架中,被感情所激起而获得解放的想象力就在这里开展活动。

三、认同的模型理论

通过对亚里士多德净化理论的分析,姚斯总结出了净化包含着认同的交流框架,从而进一步具体展开艺术作品的接受者与他们的审美对象之间展开交流的审美经验的研究。姚斯认为,审美认同是在获得审美自由的观察者和他的非现实的客体之间的来回运动中发生的,在这一运动中,处于审美享受中的主体可以采取各种各样的态度,诸如惊讶、羡慕、疏远,等等,从而形成各种模式。

姚斯的认同模式理论还经历了一个修正、发展的过程。最初,姚斯仅仅从心理学的角度对认同作了粗略的区分。他认为,人们求异的心理趋势使接受者倾向于寻求似乎高于或者低于社会的东西,此外还有游离社会之外的东西。人们因此对三种类型的文学角色表现出了偏爱:骑士、小丑和牧人,由此产生了文学传统中三种重要的类型:英雄式的、流浪汉式的和田园式的。它们分别植根于审美经验向上、向下和向近旁这三个方向的认同模式。

在这种初步的思考中表现出来的对文学类型的关注,直接导致了姚斯后来对诺斯罗普·弗赖文学史模式的借鉴和改造。姚斯以弗赖文学史五个时期的主人公类型为雏形,构造了接受者与作品主人公认同的五种模式,即联想式、钦慕式、同情式、净化式和反讽式认同。

关于这五种认同模式,还有三点需要加以说明:首先,弗赖的历时模式被姚斯改造成了共时的循环模式。因为姚斯发现,弗赖历时描述的主角类型,几乎都共时地发生于每一个历史时期,同时并存而又相互竞争。而且,每一个接受者的审美态度都可能从一个认同层次转入其他的认同层次。同时,姚斯还以他一贯的细致态度注意到,艺术的相互对立的解放和保守这两种作用,并没有穷尽审美经验的全部领域。在打破规范和实现规范这两种不同的功能之间,存在着视野的逐渐变化,有着多种被忽视了的、艺术可能发挥的社会效果。姚斯希望用他构筑的理论模式尽可能包括这些功能。

其次,姚斯也意识到与主人公的认同并没有穷尽审美认同的诸多可能性,比如抒情诗的审美经验就是以通过与其他有关形象或者与一个典型情景认同为特征。但是主人公的认同模式可以用作所有的认同交流模式的例示。

此外,审美经验的双重特性同样也表现在审美认同中,因为审美认同是一种非常敏感的平衡状态,在这种状态下,距离太大或是距离太小都会变成与所描绘的人物的无兴趣分离,或者导致在情感上与这一人物形象的融合。接受者既可以在导致净化的过程中,与某个典范行为进行自由的、符合道德规范的认同,也可能仅仅停留在单纯的好奇状态中,并最终通过情感认同,被审美经验吸引到受别人控制的集体行为中。因此,每一种具体的认同模式都拥有各自积极的和退化的表现方式。

联想式认同指的是,接受者通过在某一戏剧行为的封闭的想象世界里充当某一角色,而十分清楚地实现自身的那种审美行为。作为生活实践的对立面,它中断了单一的时空经验,构筑起一个多样化的戏剧世界而与日常目的和需求的世界相对立。人们经历这样一种联想是从工作和有目的的行为中获得解放。联想式认同创造社会的功能有赖于游戏者在游戏中采取某些态度并学习某些交流模式,而这些模式将主导社会生活。简言之,审美经验将从游戏中流溢而出,转变为社会习俗。

我们已经提到过,这种"审美向习俗的流溢",非常典型地体现在"五四"一代知识女性身上。在她们毅然决然走出封建家庭的时候,很多人都有意无意地把自己认同于《玩偶之家》中最终觉醒的娜拉,这归因于易卜生的戏剧在她们原先传统单一的生活时空中,展现了另一种人生经验的可能性,从而引发她们在天真的摹仿但又自由地承受的状态下,接受审美经验对生活实践的预先规范与定向。

因为联想式认同的原始范本是远古时代的集体歌舞,所以联想式的交流模式最利于文学在那些民族伟大和苦难的时刻,发挥出团结人们和衷共济的作用。但另一方面,它也有堕入祭祀式活动的危险,从最初是自由的审美态度转向为集体同一性的奴役状态,从而被利用来粉饰统治关系,美化社会秩序。

钦慕式认同要求审美客体通过自身的完美来超越期望,朝着理想化的方向发展,从而激起惊讶,引起接受者对榜样的仿效。钦慕式认同把历史上不断增长的个人楷模加以浓缩,将它们一代一代传下去。就这种意义来说,钦慕式认同由于其审美的力量而具有别种活动难以比拟的作用。

西方文学自中世纪以来流传下来两种英雄类型满足了钦慕式认同的双重需要:史诗的或传说中的英雄满足了人们集体回忆辉煌的历史业绩的需要,这种辉煌的业绩美化了日常现实;神话和小说中的英雄则满足了人们对于未听说过的事件的特殊兴趣,因为它满足了读者对罕见的冒险事件和完美爱情的企望,把读者带入日常现实之外的能够满足人们愿望的世界。

今天我们读荷马史诗,还难保不遗憾:"我怎么没有生在赫克托尔和阿喀琉斯那样的巨人时代"?"现在到哪儿能够再找到像美丽的珀涅罗珀对奥德修斯那样忠贞不渝的爱情"?苏轼也在诗词里表达了类似生不逢时的感觉:"遥想公瑾当年",既能在"谈笑间"让曹操的大军"灰飞烟灭",同时还有让无数人称羡的"小乔初嫁"。

审美客体的理想化实际上是一种制造距离的行为,因此,钦慕作为审美情感需要采取适中的态度,不能过近,亦不能太远。我们知道,在柏拉图的时代,荷马史诗就是教养贵族子弟心灵的教科书,是真正具有创立规范的作用的。也正是因为这个原因,柏拉图才力主对之进行道德化地删订。但对于现代人来说,这些史诗和神话中的英雄离我们年代实在太过久远了,所以这种原先具有的创立规范的意义不再有效了,读者只对其中的传奇经历或者爱情故事感兴趣,而这些传奇因素也可以由通俗小说所提供。于是,钦慕式认同就逐渐退化为通俗小说以其人所共知的伎俩所激起的自我肯定。

通俗小说的模式在现代大众传媒的梦幻工厂里还可以批量复制。姚斯认为,这些文化工业的产品满足了人们对美好世界的要求,却抹杀了钦慕的认识距离。结果是,大有被纷至沓来的刺激淹没之势的观众会引发相应的防御策略,即保持无动于衷,从而导致接受者和审美客体之间良性交流的中断。

姚斯这里所说的钦慕式认同的退化形式在一定程度上也可以解释进口或者本土大片的命运。据说，目前观众已经对大片表现出了一定的审美疲劳，这其实是必然的。大片常常并不善于编撰好的故事去触动人心，而是宣称要给观众提供超乎想象的视听震撼。从心理学角度来讲，普通人面对震撼如果不加防护，是要导致心理崩溃的，更何况根据市场机制“不断创新”的惯例，电影需要给人们提供的，应该是一部比一部更大的震撼。因此，观众也就被迫穿戴起现代人通用的防护盔甲——冷漠。

同情式认同经常与钦慕式认同相连续。钦慕式认同的完美主人公的品行即是美德的化身，他创造出来的令人信服的奇迹展示了超人的力量。但是这种尽善尽美虽然不断地让观众受到激励去效法，产生高山仰止的情感，却很少能让人产生有朝一日能够企及的自信。因此，同情式认同中的不完美的主人公作为一个可以企及的楷模就有了取代那种不可企及的完美形象的理由。同情式认同是这样一个过程，它消除了钦慕的距离，并可在接受者心中激起一些情感，导致接受者与主人公的休戚相关。

在上世纪 80 年代中期，当代文学出现了新写实主义小说。我总觉得，同情式认同可以部分解释较早的几部新写实主义小说的代表作品为什么能够引起当时文坛的瞩目。比如池莉的小说《烦恼人生》，主人公印家厚是一个普通的工人师傅，忠厚本分、认真工作和生活，但生活中有很多琐碎的烦恼。刘震云的《一地鸡毛》和《单位》，类似上、下篇结构，主人公则是同一个小人物小林，在家里面对的是“一地鸡毛”似的琐屑小事，诸如一大清早辛辛苦苦排队买回豆腐，下班回家却发现豆腐馊了，原因是小保姆忘了把豆腐放进冰箱了；在单位里基本上也是应付一些“鸡零狗碎”的繁杂。要申请入党，本来办公室就这么五六个人，但其中的关系合纵连横般地十分复杂。对其中一个露了一下笑脸，被另一个同事看在眼里，就变成了对后者的得罪，因为他们两人恰巧有些不和。对于当时已经厌倦了高大全、堂皇和伪崇高的读者来说，像邻家大哥似的印家厚和小公务员的代表小林，恰恰因为他们的不完美，而让读者倍感亲近和没有距离。抄录一段池莉对印加厚清晨上班并顺带送儿子上幼儿园的场景描写，特别容易引发读者的同情式认同：

> 印家厚头也不回，大步流星汇入了滚滚的人流之中。他背后不长眼睛，但却知道，那排破旧老朽的平房窗户前，有个烫了鸡窝般发式的

> 女人。她披了件衣服,没穿袜子,趿着鞋,憔悴的脸上雾一样灰暗,她在目送他们父子,这就是他的老婆。你遗憾老婆为什么不鲜亮一点吗?然而这世界上就只有她一个人在送你和等你回来。

在历史上,同情式认同的戏剧曾经起过很大的积极作用,它使资产阶级的戏剧从当时占统治地位的古典主义的美学教条中摆脱出来。让戏剧从不真实的崇高中返回到日常现实的坚实基地上来,在观众和他们的同类主人公之间建立起一种平等关系。

同情式认同的倒退形式有二:一是向陈腐的钦慕式认同退化,把主人公加以神化,使之重新成为历史主义想象的陈列馆中的“伟人”。我们原来高大全的文学就有点这样的意思。二是迫使主人公为已经建立起来的资产阶级社会的意识形态服务。

净化式认同就是被亚里士多德描述过的审美态度。它把观众从他的社会生活的切身利益和情感纠葛中解脱出来,把他置于遭受苦难和困扰的主人公的地位,使他的心灵与头脑获得解放。在剧场里,观众与俄狄浦斯感同身受,内心中充满了对剧中主人公的同情和怜悯;走出剧场,他的心情恢复了平静和愉悦。

历史地说,正是由于有了净化式认同,审美经验才获得解放和独立。因为只有当观众有能力从直接的认同中解脱出来,才能对呈现在眼前的东西进行判断和思索。这也是相对纯粹的审美态度。因此很自然地,净化式认同的退化形式,也就是观众与剧中人物的直接认同,就好像那个著名的例子,苦大仇深的战士直接认同于剧中的“杨白劳”,站起来开枪打死了台上扮演黄世仁的演员。战士的观剧经验已经不属于审美经验了。

反讽式认同指的是这样一个审美接受层次:一种意料中的认同呈现在接受者面前,只是为了供人们拒绝和反讽。反讽式认同在历史上就有不同的表现形式,但作为先锋派艺术对受人操纵的消费和思想意识形态的同化的一种抗议形式,它在二战以来占据着统治地位。

但反讽式认同的退化模式也在现代文学中很快出现,通过商品化,先锋派艺术不断加速的过程使自己进入了生产、唤起的需求和消费的循环中;对已经被激发起来的接受者来说,具有轰动效应的革新、令人厌恶的疏远和令人恼火的含糊不清很快就转变成了新的接受习惯,反过来要求作家不断进行新的艺术实验。而极端的试验性艺术提出的解读作品的过高要求又常常打消了接受者的剩余兴趣，尽管对于人们要求读者参与创造过程的企望，这种兴趣是必不可少的。因此，拒绝认同的反讽本身也露出了反讽的意味；继“主人公死亡”和“作者退出”之后，接受者能够摆脱自己死亡的恐惧的唯一办法就是，用一种讽喻的想法，相信死亡的意义就是将来的复活，主人公、作者和接受者将共享这种复活。

四、解释学主题的变奏和续写

综观姚斯的审美经验研究，首要的特点即是它与阿多尔诺理论的论战性，而姚斯论战的关键即在于，用审美经验的双重性来取代阿多尔诺的否定肯定二分法。否定性是阿多尔诺理论的核心，而姚斯却成功地向我们展示了这样一个事实，几乎在阿多尔诺否定性出现的每一个地方，都存在着审美经验的双重性。一部备遭阿多尔诺口诛笔伐的西方肯定性的艺术史，在姚斯的笔下却是否定和肯定呈现出钟摆式辩证运动的历史，在其中，审美经验的诡谲双面交替变幻，但其智胜规范的积极一面始终占据着主流的地位，因为审美经验的自由本性难以被任何阶级和个人所驾驭。

审美快感和享受并不像阿多尔诺所断言的，仅仅是现代文化产业的前提条件，是统治集团用以抚慰大众的迷幻剂，而是一段自崇高的开端不断衰落的历史的终点显现物，而且必将在审美经验重开交流之门的当代恢复它的源初含义。

与阿多尔诺悲观的艺术终结论相对，姚斯展示了审美经验的创作方面在实现创造性的人的理想方面所起到的重要作用，证明了审美经验的感受方面在把握人类的感受经验、创造新的感受形式方面所作的不懈努力。

所有这些方面，在在都体现了姚斯以史实为依据的平正态度，与阿多尔诺偏激极端的先锋姿态形成了鲜明的对照。也许，用姚斯关于经典作品在形成过程中的两次否定，可以类比阿多尔诺与姚斯的关系。阿多尔诺以其绝对的否定性，醒目地昭示了审美经验通常被人忽视的奴性的一面，完成了对现代文化产业的商业化和意识形态化的彻底的和不妥协的批判，从而客观上起到了整肃艺术史、为艺术史的发展清理道路的作用。而姚斯则对阿多尔诺的绝对否定作了第二次否定，在矫枉而不过正中，与艺术史的遗产达成再次和解，重新回到艺术史发展的正道中。不可否认，姚斯对阿多尔诺的否定并不能完全否弃后者的观点，但论战的目的恰恰不是最后不共戴天的一方压倒另一方，而是协同双方理论的穿透力，达成对历史真相的重构和揭示。

在论战中，无论是对审美经验理论的阐发，还是历史的追溯，姚斯在很大程度上都得力于一种历史的解释学。我们原先可能以为，伴随着文学史主题的消隐、期待视野的销声匿迹，姚斯的审美经验研究不得不偏离了解释学的主题。但现在看来，这一看法显然属于多虑。在阐述艺术史中否定与肯定的辩证法时，姚斯就诉诸接受者期待视野的转变；审美经验的交流方面则对卷入交流的双方都有一种更新视野的解放作用。更重要的是，姚斯对审美享受历史的回顾，对审美经验的创作和感受方面的历史叙述，是姚斯现身说法，从自己的接受视野出发，对历史所作的重新建构，几乎可以看成是姚斯对自己在前期的接受美学中提倡的文学史模式的一种生动例示。可以说，姚斯的审美研究是对接受美学的解释学主题在审美经验领域的延续和变奏，确实是对接受美学研究的一种深化。

与前期的接受美学相比，姚斯的审美经验研究还表现出了从单纯强调接受者的决定作用，向强调交流的重心转移。姚斯觉得阿多尔诺的否定性美学最令人不能容忍的，就是绝对的否定性完全阻断了交流。而他研究审美经验的主要目的之一，就是“循着修辞学传统追溯被忽略了的交流方面”①。从亚里士多德的理论中，姚斯抽绎出了净化包含着认同的交流框架，同时还以此为出发点构筑了认同的模式理论。除此以外，姚斯还专门以喜剧主人公之逗人发笑为例，详细地探讨了文学接受和交流中的情感问题。

可以说，从接受美学走向交流研究，是接受美学内部理路的必然发展，因为接受这一行为本身，就包含着人际之间的交往关系。随着姚斯的理论个性从前期开创新说的气势夺人，向后期的平和稳重的转变，悔其前期的只重一点、不及其余的轻率，而转为兼顾各方的细致，亦是自然之事。

---

① 耀斯：《审美经验和文学解释学》，上海：上海译文出版社 1997 年版，第 35 页。

但我们也不可否认这种转变有感应时代风习的因素。在接受美学问世之后,各种交流理论风起云涌、蔚为大观。就连接受美学的另一理论代表伊泽尔的审美响应理论,也是直接立基于对文本与接受者的交流现象学之上的。姚斯的转变既是对理论内在理路的遵循,又是对时代潮流的顺应,是对接受美学的解释学主题的新的续写。

第四讲　交流现象学:伊泽尔的审美响应理论

沃尔夫冈·伊泽尔(Wolfgang Iser, 1926—　)与接受美学的创始人汉斯·罗伯特·姚斯(Hans Robert Jauss, 1921—　)一起,被研究者合称为接受美学的双璧。他们两人在理论上双峰并峙、相互补充,共同营造了接受美学在20世纪60年代的繁荣局面,使接受美学在世界范围内造成了巨大的声势,形成了广泛的影响。但当研究者将目光探入接受美学内部,试图考察两人各自独特的理论建树的时候,一个极有可能的视角就是,将两人的工作在对比的基础上进行区分,用以突显各自的理论特色。

交流之门是姚斯率先打开的。后期的姚斯将文学史撇在身后,转而研究审美经验,审美享受为文学交流洞开了大门。但如果说,文学交流只是姚斯在文学史长征之后选择的一个停锚地,那么,对伊泽尔而言,交流领域却是他施展才情,显露全部抱负的竞技场。

众所周知,在接受美学领域中,姚斯属于开拓新纬度的宏观论者,而伊泽尔则专注于深刻推演的微观研究,长于在一方有限的领地中精雕细琢。尽管,就理论贡献而论,伊泽尔足够与姚斯相抗衡,但伊泽尔要想在研究者和公众的眼中获得与姚斯颉颃的地位,而不至于为后者所遮蔽,就必须反复为自己清理地盘。对自己与姚斯理论性格的不同,伊泽尔具有相当的自觉,并在一切可能的场合反复申述。在专门为其著作《阅读行为》的中文版所撰的序中,伊泽尔开门见山地指出:“今天的所谓接受美学,其内部并不像这一名称本身所显示的那样一致。原则上说来,这一概念掩盖了两种不同的研究方向,虽然两者有着紧密的联系,但差异却是显而易见的。"[①]1989年,伊泽尔在韩国汉阳大学五十年校庆发表主题演说的时候,再次表达了类似的观点。[②]

在伊泽尔看来,他与姚斯虽然同属于重视读者的新阐释学派,挣脱了传统阐释学探究作者本来意图的梦魇,但他们的侧重点各不相同。姚斯着重作品的接受,考察的是历史与现实的理解差异和互为问答,而他则强调文本对读者的作用,关注的是文本与读者相互作用的过程。接受和作用构成了接受美学的两大核心课题,也分别概括了姚斯和伊泽尔的研究方向。

研究方向的不同,也决定了各自所运用的方法的差异。具体地说,姚斯强调历史学——社会学的方法,伊泽尔则突出文本分析的方法。在此区分的基础上,伊泽尔将自己的接受美学研究称作作用美学或效应美学。

一、从现象学美学到文学交流现象学

其实,伊泽尔与姚斯理论分野的根子早在他们各自的哲学基础中就已经埋下。如果说,姚斯创建文学史哲学更多地借重哲学阐释学的基本原则的话,那么,伊泽尔的作用美学则处处体现了现象学的方法和精神。而作为"精密科学"的现象学哲学之所以与美学发生联系,波兰著名的美学家罗曼·英伽登(Roman Ingarden, 1893—1970)功不可没。

英伽登曾是现象学哲学的创始人胡塞尔(Edmund Husserl, 1859—1938)的及门弟子。假如英伽登对其师胡塞尔亦步亦趋的话,也许现象学美学界就会少了一位卓有建树的大师了,就是因为学生不完全盲从老师的话,才使纯粹哲学的现象学与美学发生了关联。

---

① 〔德〕伊泽尔:《接受美学的新发展》,载《文艺报》1988年6月11日。《阅读行为》即伊泽尔的代表著作 *The Act of Reading: A Theory of Aesthetic Response* 的中译本,金惠敏、张云鹏等四人译,长沙:湖南文艺出版社1991年版。这部著作至少有三个中译本,最早的一本为《审美过程研究——阅读活动:审美响应理论》,霍桂桓、李宝彦译,杨照明校,北京:中国人民大学出版社1988年版。另外一个译本为《阅读活动——审美反应理论》,金元浦、周宁译,北京:中国社会科学出版社1991年版。本书主要根据中国人民大学出版社译本。

② 〔德〕伊泽尔:《读者反应批评的回顾》,载《上海文论》1992年2期。

胡塞尔的先验现象学尽管以“意向性”概念为核心,强调意识主体与被意识客体之间的关系结构的意向方式问题,但对于被意识意指的客体对象,胡塞尔却主张通过“悬搁”的方式将其变相否认。在这一点上,英伽登与他的老师发生了分歧,他坚持认为世界的实在性不可回避,而物质客体独立于认识主体之外仍然存在。由此,英伽登确立了自己不同于胡塞尔的研究路向:运用现象学的方法,对意向性对象保持持续的关注。

在英伽登看来,存在着两种意向性对象:一种为认知行为的意向性对象,包括客观实在的物质对象和数学等观念性对象,这种意向性对象与人的认知意向相对应,具有一种独立于认识主体的“自足性”;另一种为纯意向性对象,主要指艺术品,它们与人的鉴赏、审美意向相对应,有一部分基本属性是客观存在的,但有一些属性需要由鉴赏主体来补充,因而是不自足的。

英伽登的本意是想把文学的艺术作品这一纯意向性对象作为解剖的标本。因为,“标本”的意思就是标准的样本,只有最纯粹的才可能被选作标本。借着艺术作品这一纯粹的意向性对象这一标本,英伽登试图究明意向性对象的存在方式和基本结构,但不意就此成就了现象学美学的艺术本体论。

这方面的代表著作是《文学的艺术作品》(*The Literary Work of Art*),在这部于1931年完成的著作中,英伽登将文学作品的基本结构,现象地描述为一个由四个异质的层次构成的一个“多音和谐”的整体。这四个层次包括:(1)语音与语音组合层;(2)不同等级的意义单元层;(3)再现的客体层;(4)图式化观相层。

英伽登认为,语音层是文学作品最基本的层次,它为文学作品的其他三个层次提供物质基础。语音层尤其与意义层次有着必然的联系,因为意义在本质上同字音紧密相连,没有字音,意义就无所附丽。

意义单元层在文学作品中具有决定性的作用,但这一层次中的每一等级都体现了文学作品的纯意向性对象的特性。所谓纯意向性对象的特性,指的是这一层次各个等级的意义的实现,无一不依赖于人的主观意识活动:一个字的意义,就是该字通过意向性所指称的“意向性对应物”;一个词的意义,则随着这个词与其他词的相互联系而发生变化,它的意义由主体的意向投射来赋予;如果说个别的词与意向对象相关,那么句子则与意向的“事物状态”相关,而意向性事态和意向性对象同属于意向相关物。总而言之,“意向性对应物”、主体的意向投射或意向对象,以及意向性事态,都体现了纯意向性对象不自足、需要鉴赏主体来补足的特点。

再现的客体层,指的是作者在文学作品中虚构的对象以及由虚构的对象所组成的想象的世界。这一世界具有一种现实的“外在形态”,但并不等同于现实,而仅仅是一种具有现实特征的模拟物,它在时和空两方面都与实际的世界有着深刻的区别。文学作品再现的客体充满了“未定点”,其意义不确定并永远无法穷尽。比如说,小说中主人公的容貌形象特征。如林道静,五四时期的青年女性,喜欢穿白色衣裙。这是你想象的系统方向。但这只是林道静形象的一些方面,每一个人都可以根据作品所规定的想象方向“附加”一些成分于“未定点”之上。所以,我所想象的林道静,就比电影中由谢芳扮演的形象更纤弱一点、更多一点柔媚清雅。因此,再现的客体其实只是由不同类型的未定点构成的“图式化观相”,这就形成了文学作品的第四层次。

所谓“观相”,指的是客体向主体显示的方式,它显然也带有明显的现象学意味,是与主体的意向性大致相对的一个概念。在图式化观相层,需要一个存在于被再现的客体之外的因素,将充满未定点的“图式化观相”转变为生动丰富的“具体化观相”。实际上,这一因素应该就是对文本负有具体化之责的读者。

在文学作品的四个基本层次之外,英伽登又提出了文学作品的“形而上质”的问题。所谓“形而上质”是指“崇高、悲怆、恐惧、震惊、神圣、悲悯”等性质,它由再现的客体所指涉,但这些性质既不是客体即作品的属性,也不是主体即读者心理状态的特征,而是从复杂而又往往根本不同的情境和事件中显露出来,作为一种氛围弥漫于该情境中的人和物之上,也是纯粹意向性的。

那么,“形而上质”为什么不构成作品的第五个层次呢?英伽登认为,“形而上质”之所以并不构成文学作品的另一层次,是因为它并不为所有的文学作品所共有,读者只有在伟大的文学作品中才能感受和把握到它。有人说,《射雕英雄传》里的黄蓉与《红楼梦》里的林黛玉,性格有几分相似,一样的聪明灵慧、敏感多情,一样地由于从小丧失母爱而悲伤忧郁。但大家公认,整部《红楼梦》弥漫着一种宗教式的大悲悯,因而是一部伟大的作品。我对武侠小说没有研究,《射雕》是否有类似的“形而上质”,大家可以见仁见智。

从注重艺术作品本体论这一理论基点来看,英伽登对文学作品存在方式和基本结构的分析和描述,可能更容易被新批评理论家引为同调。事实上,第一个向英语世界翻译和大力推介英伽登的,也正是与新批评同调的理论大家雷纳·韦勒克(Rene Wellek, 1903—),但现象学的精神决定了英伽登与新批评之间终究存在着深刻的区别。英伽登对文学作品基本结构的分析是以“文学作品属于纯意向性客体因而是不自足的”这一现象学的基本判定为前提的,而这一判定与新批评的文学作品自足论可谓南辕北辙。

通过对作品本体结构四个层次的逐一分析和描述,英伽登试图向世人揭示这样一个事实:从本体论观点看,文学作品只是一个图式化结构,其构成要素大部分都处于潜在状态。只有在阅读中被读者具体化之后,文学作品才生成为审美对象。在某种程度上说,英伽登的艺术本体论几乎必然要引向审美认识论,因为他不可能长期听任文学作品处于“不自足”的“潜在状态”。

1937 年,英伽登推出了《文学艺术作品的认识》(*The Cognition of the Literary Work of Art*)一书,就是为了集中展示文学作品这一“不自足”的纯意向性对象,是如何被欣赏主体具体化和认识的。正因为艺术作品所描绘的世界只是一个充满了很多空白和模糊的“未定点”的图式化框架,还有许多因素处于潜在状态,因而填补其中的“未定点”、将处于潜在状态的因素挖掘出来并使之实现,便是艺术作品的鉴赏和接受者义不容辞的责任,而这实际上也就是“具体化”的基本含义。

对接受者来说,具体化是一种再创造的“重建”活动。在这一过程中,主体的投射作用至关重要。在主体投射过程中,由于接受者的经验、素养、审美趣味等不同,每个接受者按照自己的知觉方式所进行的对同一作品的具体化,就不可避免地会出现各种差异,因而具体化又分为“恰当的具体化”和“虚假的具体化”两种形式。作品通过具体化获得鲜活的生命,具体化的历史是文学作品意义增殖的历史。具体化是与原作保持同一性与读者创新的变异性的统一,同时也是永恒和历史的统一。

或许,比现象地描述“具体化”的过程和特点更重要的,是英伽登在《文学艺术作品的认识》这一著作中表达出来的、重视主客体交流的思想。英伽登认为,必须将文学作品与作品的具体化区分开来。具体化既非心理的,即读者固有的特点,又非经验性的,即作品本身具有,而是读者集中注意力于作品本身所进行的一种现象学本质直观活动。对艺术作品有效的具体化,显然不仅取决于作品本身,而且也取决于有能力的欣赏者的在场。因此,具体化不是观赏者的单向活动,而是主客体的一种特殊关系,是主客体交互作用的过程。艺术作品存在于艺术家创造和接受者再创造的双重活动中。这就是英伽登的主要思想。

如果说,英伽登所提出的“图式化结构”“未定点”和“具体化”理论都深刻地影响了伊泽尔的接受美学理论的话,那么伊泽尔的独创性则在于,这些影响都是借助于交流的模式发生作用的。在伊泽尔之前,很早就曾有人表达过类似于英伽登区分文学作品和作品的具体化的思想。结构主义者穆卡洛夫斯基认为,作者的产品只是以物质形式摆在读者面前的文物标记,只有转变成接受者意识中举足轻重的文物,作品才转化为审美客体。但只有伊泽尔在作品和审美客体之间套用了交流的模式,从而系统地发展了他的作用美学理论。

伊泽尔是这样概括他的交流模式的:文学作品有艺术和审美两极,艺术一极是作者的文本,审美一极则通过读者的阅读而实现。作品本身既有别于文本,又不同于文本的具体化,而处于两者之间的某一点,是两者在交流的过程中相互作用的结果。

这可以说是反复出现在伊泽尔著作中的主题旋律,再加上作用美学的立场,就显露了伊泽尔文本理论的大致轮廓。伊泽尔将之概括为文学研究必须关注的三个基本问题:一、驾驭接受活动的文本结构是什么?二、作品的文本是如何被接受的?三、文学作品的文本在其与现实世界的关联中具有何种功能?

这三个问题具有很强的辐射性,它们涵盖了自文本表现作者观照的产生过程始,经读者体验文本的实现过程,直至文本赋予接受主体以发现功能、接受主体获得更新提高为止这样一个完整的动力过程。考察这一过程的交流实质,追索这一过程的现象显现,是伊泽尔不遗余力而为之的事情。

伊泽尔除了在理论课题方面从英伽登处获得重要启示以外,在方法论方面也从后者那里获益匪浅,这就是英伽登有意无意所确立的现象学美学化的路子。在美学领域里,英伽登将作为一种纯粹哲学体系的现象学,转化为一种分析意识对象的具体方法。秉有了现象学的方法,伊泽尔对文本与读者之间的交流研究,就自然转变为一种交流现象学。

二、隐含的读者

《审美过程研究——阅读活动:审美响应理论》的译者霍桂桓、李宝彦将伊泽尔对阅读过程的现象描述翻译为"审美响应理论",取响随声应之意,以与一般的译名"审美反应理论"相区别,除了便于将伊泽尔的理论与美国的读者反应批评区别开来以外,似乎也更得伊泽尔的本心,因为伊泽尔为了统摄文本与读者交流活动的全程,特意创造了一个概念——"隐含的读者",作为理论的核心和灵魂。

这个概念具有两方面基本的、相互联系的含义:作为一种文本结构的读者角色和作为一种构造活动的读者角色。我们先概要描述一下"隐含读者"的理论内涵。

什么叫做"作为一种文本结构的读者角色"?我们说,每一部作品都表现了作者收集起来的世界观点,作者在将这些观点构筑成独特的艺术世界的过程中,体现了自己的意向视野,而这个意向视野对于读者来说必然具有一定的陌生性,不然他就不必也不会阅读作品。因此,文本必须给读者造成一个立场和优势点,使他从这个立场和优势点出发,能够观察文本世界,进行陌生东西的具体化。

这个优势点只能由文本所组成的各种各样的视野——叙述者视野、人物视野、情节视野、虚构的读者视野等等提供。这些视野为读者提供各不相同的出发点,它们持续不断地相互作用,就造成了读者在阅读过程中不断占据变幻的优势点,从而把多种多样的视野填充到一个不断展开的模式之中。这样,多种视野就在一个普通相遇处汇聚到一起,这个普通相遇处即文本意义。

打个比方,作者构筑的世界就好像黄山这样一处引人入胜的风景区,对读者来说是陌生的。读者想要领略黄山的全景，就必须从多个角度、不同的立足点出发观察和欣赏。比如说在山下仰观，登上天都峰或光明顶环视周围的群峰，在迎客松或者飞来石处又看到不同的景致。这样，各种视野持续相互作用就获得了黄山的全貌，也就是文本的意义。

由此可见，文本结构的读者角色由三种基本内容组成：在文本中表现出来的不同视野、读者综合这些视野所由之出发的优势点，以及这些视野汇聚到一起的相遇处。

但是，文本给定视野的汇聚及最后相遇，并没有通过文本语言系统表现出来，它只能靠读者来想象，因为我们已经知道，文本只是一个图式化结构，许多方面都是未定的。在这里，“作为一种构造活动的读者角色”开始发挥作用。

文本的指令激发出读者的心理意象，这些心理意象又把生命赋予文本通过语言暗示的、没有明确表达的东西。这样，读者在阅读过程中必然会形成一个心理意象系列，也就是我们平常所说的，作品的人物一个又一个地活起来。用电脑作比方，文本仿佛是一个键盘，它负责输入指令，读者的大脑则是显示出图像的终端显示器。

因为文本持续不断地提供新的指令，这不仅引起读者已经构成的意象被取代，而且也产生了一种不断变换位置的优势点。因此，读者的优势点和视野的相遇处在他的观念化的过程中相互联系起来，所以读者必然会被吸引到文本的世界中去。

文本结构与构造活动的读者角色共同构成了一个由文本引起、读者响应的结构组成的网络，两者之间的关系和意向与实现之间的关系大致相同。

那么，“隐含的读者”到底是一个什么样的读者呢？霍拉勃（Robert C. Holub）的理解是，隐含的读者既被解释成一种文本条件，又被解释成一种意义产生的过程，因此，“称其为‘读者’，如果不是错误，也毫无意义”。它更像一种“超验范型”，也可叫做“现象学的读者”，“体现着所有那些文学作品实现自己的作用所必不可少的先决条件”[1]。

---

[1] 霍拉勃：《接受理论》，见姚斯、霍拉勃：《接受美学与接受理论》，沈阳：辽宁人民出版社1987年版，第368—369页。

伊泽尔就是以这样一个概念的两个含义，表明一个文学交流的基本立场：文本预设了读者的实现活动，而读者能动的活动促使文本的完成。用萨特(Jean Paul Sartre, 1905—1980)的话说就是："所有事情都是由读者来做，然而所有的事情都已经由作品做好了。"①

三、文学交流的动力学过程

隐含读者的"意向"部分体现在文学交流的艺术极亦即文本之中。我们刚刚说过，文本在伊泽尔的理论中，是作为一套引起并预设文学交流活动的指令而存在的，它的功能依靠"剧目"和"策略"共同完成。

"剧目"即存在于文本之中的、所有为读者所熟悉的成分，具体地说，包括"社会规范"和"文学引喻"。我们常说文学作品能够反映当时的社会状况或社会规范，比如说，通过明代汤显祖的名剧《牡丹亭》，我们可以得知当时存在着"劝农"的风俗。剧中写到杜丽娘的父亲南安太守杜宝，亲自带领府衙的皂隶和门子，到南安县清乐乡劝农，深入春耕农忙时节的田间地头，亲自给挑粪施肥的农夫、采桑摘茶的农妇和农姑插花、敬酒，以示劝勉。这是"剧目"中"社会规范"的例子。

"文学引喻"指的是文学作品中对已有别的作品中现成的故事情节、人物形象或者语言词汇的引用或者移用。众所周知的例子如《金瓶梅》移用《水浒传》的故事情节和人物；比如看到有关方志敏烈士的电影取名《血沃中华》，我们会想起鲁迅的诗句："血沃中华肥劲草，寒凝大地发春华。"因为是读者熟悉的，所以剧目的确定性就为文本和读者之间提供了一个相遇点。

但交流总是要承担传达某种新东西的任务，人们熟悉的领域之所以引人入胜，仅仅是因为它将把读者引入到一个不熟悉的方面之中。为了表现新东西，剧目在一种悬置现存规范有效性的状态中表现这些规范，这样就把文学文本转化置于一个介于过去和未来之间的中间点。我们刚刚说过，作品当中会包含人们熟悉的社会规范和文学引喻，但这些社会规范和文学引

① 伊泽尔：《审美过程研究——阅读活动：审美响应理论》，北京：中国人民大学出版社1988年版，第166页。

喻一旦被移入新的文学作品中，它们在现实生活或者在原作中的有效性就被悬置了，不再有效了，就好像在《水浒传》中已经遭武松手刃的潘金莲，在《金瓶梅》中又活了。

这种悬置就是重新整理。通过整理，文学剧目往往勾勒出现实的缺陷，从而将人们的注意力吸引到文学对现实的反作用的历史效果上。大家知道，王朔的小说中有很多对当时非常流行的、堂皇庄严的政治用语的引喻式使用，比如一位出入涉外酒店的特殊服务业女郎酒后豪言，自己死后也要"埋在祖国的大地上，血沃中华"。王蒙后来在王朔的作品中解读出"解构崇高"。通过引喻式的悬置和重新整理，王朔勾勒出了那个时代一些过分政治化用语的反讽意味，把人们的注意力吸引到某些崇高背后的空洞或虚假。

概而言之，剧目具有双重功能："它重整众所熟悉的图式，以形成交流过程的背景，它提供一个普遍的构架，本文的信息或意义从中得到组织。"①

这种组织工作的完成则有待于策略。策略就是隐藏在文本技巧下面的深层结构，它的任务是组织文本的具体化，为文本和读者提供相遇点。策略的基本结构是由剧目选择的组成部分产生。我们在说到剧目的时候已经讲过，剧目对社会规范的悬置作用是通过将它们移入作品中进行重新整理。移入什么？怎么移入？如何整理，这都是选择。

社会规范一旦被搬出最初语境移植到文本中，新意义就突出出来，但与此同时，它后面还拖着它的最初语境。这样，被选择的规范与其最初的语境就构成了"前景—背景"关系。前景对照着背景，方能显现出它的新形式。

但这种选择原则只构成了作品的外在参照网络，策略的主要任务是将文本选择出来的成分联合起来，给读者组织预先决定将由读者实现的审美客体形态的内在参照网络。伊泽尔借用"主题"和"视界"这对术语来描述这个过程。被策略联合起来的是视野的整个系统，即前面已经提到的叙述者视野、人物视野、情节视野、虚构的读者视野。由于读者在任何时刻都只能接受一个视野，这个视野就构成了这一时刻的主题，但这个主题总是处在

① 霍拉勃：《接受理论》，见姚斯、霍拉勃：《接受美学与接受理论》，沈阳：辽宁人民出版社1987年版，第371页。

由此之前为读者提供过主题的视野片段组成的视界面前，当主题提供关于预期客体的具体见解的时候，它同时也展示了其他视野的观点。还是以黄山观景作比，如果你现在站在天都峰上，那眼前所见就是你此刻的主题，而原先在其他观景点看过的景观都成了视界。主题和视界这个基本联合法则持续不断地交织、转变，就导致了审美客体的最终实现。

在文本中，“前景—背景”的选择功能和“主题—视界”的综合作用决定了文本与现实的关系。前者借助选择行为解构现实的既定秩序，对现实进行干预，而后者则通过综合重组现实，对现实实行超越。因此之故，文本既来自现实，又独立自足。

文本为审美客体的建立提供了可能，但审美客体的最后实现还有赖于读者对文本进行处理。读者的阅读即相当于隐含读者的“实现”。由此，我们转入到隐含读者的第二方面的含义：作为构造活动的读者角色。

由于文本不能像雕塑一样被读者一次感知，读者只能依靠“游移视点”在必须理解的文本之内移动。“游移视点”这一概念比较形象地概括了读者在阅读过程中的存在方式，就好像一双在文本之内移动的眼睛。游移视点的基本结构就是连续的句子相互作用的现象学过程。

什么叫“连续的句子相互作用的现象学过程”？在现象学看来，每一个句子都是意向性物体，它总是向外指向一个关联物，而个别句子的语义指示物总是意味着某种期待（或叫绵延），并且这种结构为所有意向性句子相关物内在固有，所以，句子之间相互作用会导致期望连续不断地互相修改，这就是游移视点的基本结构。

我小的时候，曾经听我两个哥哥模仿和转述过电影里的一个场景，他们俩当时都觉得非常有趣。这个场景大约表现的是武装民兵组织的事情。在群众集会上，有一个人站在台上，这样大声喊着：“我是县委书记——（台下哗的鼓掌）派来的秘书长，现在给大家发枪。一个人一支——（众人更热烈的鼓掌）是不可能的；两个人一支——（再次鼓掌）也是不可能的；三个人一支——（掌声稍不热烈）是木头的。”这就是典型的句子之间相互作用，导致了读者期望连续不断地相互修改的例子，编剧借此制造了一个幽默的噱头。

其实我们的古人也曾经留下过类似的、让接受者先大惊失色旋即轻松释怀、忽怒忽喜的文化“段子”。最著名的就是那首祝寿诗：这个婆娘不是人,九天仙女下凡尘。子孙个个都是贼,偷得蟠桃贺寿辰。

在这样连续的句子相互作用的过程中,这些句子对已经读过的句子自然而然地产生一种回溯影响,使后者看起来和以前完全不同。读《红楼梦》,读者对薛宝钗的观感可能就会随着阅读的加深而发生变化。最初的印象可能是温良娴淑、宽厚大度;但读到后来的"金蝉脱壳",你会发现其实她心机深密;看到她劝慰因为金钏自杀而不安的王夫人的话,又可能发现她很冷酷和势利。这些印象都会对先前的感觉产生回溯和修改的影响,使薛宝钗这个人物的性格,看起来和开始时截然不同。

不仅如此,已经被读者压缩为一种背景的东西也不断地被唤起、修改,这就导致了读者对过去综合的重新建构,这个过程又展示了阅读的基本解释学结构:每一个语句相关物都包含了一个人们称之为"空壳"的部分,它期待着下一个句子相关物的到来;还包含了一个回溯部分,它回答前一个句子(现在这个句子已经变成读者记忆背景中的一部分)的期望。这样,阅读的每一时刻都是保持与绵延的辩证统一。这就是游移视点的基本结构所展示的、连续的句子相互作用的现象学过程。

但上述的情况是最理想的。在实际阅读中,句子组成的系列无论如何也形不成保持和绵延之间顺利的相互作用,存在着"脱漏",因此需要文本调节。就文本调节这个过程的角度看,脱漏具有一种非常重要的功能,它可以使句子相关物发动起来,形成相互对立,这在阅读过程中发生,是许多聚焦和重新聚焦过程中的典型。这就好像车水马龙的顺畅交通中,突然有辆车熄火造成了小堵塞,附近车辆司机的注意力都会被吸引到这一点上,因而促发了许多聚焦和重新聚焦过程。

由于绵延和回溯其实又涉及时间流中的双向影响问题,因此,在读者阅读过程的时间流中,过去和未来连续不断地汇集到现在的阅读时刻中。游移视点的综合过程使文本能够作为一个永远可供读者消费的联系网络,自始至终通过读者心灵,这也为阅读的时间尺度增加了空间尺度。因为观点的积累和联合给我们提供了有关深度和广度的幻象,因此我们得到了这样一种印象——我们实际上处在一个真实的世界中。

此外,游移视点还有一个重要特征,即回溯活动不仅直接唤起它的前者,而且还常常唤起已经深深地沉到过去之中的其他视野方面。当读者沉入这种状态的时候,他不是孤零零地把它从记忆的深处唤起来,而是把它嵌到一种特定的语境中和语境一起回忆起来,即是一种超越了文本的统觉。它同样也给文本视野提供刺激,使文本视野具体化。由于这个统觉严格地取决于具体读者的主观因素:记忆、兴趣、注意力以及心理接受能力,因此,刺激性视野与被刺激视野由于互相观察而组成的潜在网络,就给读者的多种选择提供了基础。

需要说明的是,游移视点的活动并不是在译解字母或者解释语词,因为根据心理语言学的实验,人们理解文本必须取决于完形集合体。游移视点通过识破文本符号中某种潜在相互联系,在对应的读者心灵中建立连贯性。

建立连贯性的第一个阶段是建立文本的"感性内容"。感性内容把文本的语言符号、它们的含义、它们的相互影响,以及读者的识别活动都联系在一起。文本通过感性内容才开始在读者的意识中作为一个完形而存在,但这只是最初的、开放的完形。第二个阶段是读者选择一个完形以封闭第一个完形。比如说李商隐的无题诗,读者在完成字面总谱的阅读后,还要选择一个完形,比如说"爱情"还是"兴寄"来封闭第一个完形。换言之,第一阶段是情节的完形,但情节本身不是结果,它总是为意义服务,因而第二阶段是意味的完形。

在情节层次上存在一种高层次的、能为多数人理解的交感。比如对于金庸《鹿鼎记》情节的完形,我估计不同的读者不会有很大的差异。但是,读者在意味的层次上却必须做出有选择的决定。具体到《鹿鼎记》,到底是表现了典型的东方男子的白日梦,因为小说中的男一号韦小宝周旋于七位漂亮迷人的女子之间,还是表达了对以儒释道为代表的中国文化的潜隐批判,因为如此集万千钟情于一身的主人公,既不读圣贤书,也不吃斋或者修炼,而是一个出自青楼母亲的非婚生子,无论是生物学上的还是文化意义上的父亲都无法稽考。意味完形的选择将取决于读者的个人倾向和经验,这种选择是主观的但并不任意。它之所以是主观的,是由于读者只有选择一种可能性而排斥其他可能性,完形才能得到封闭;它之所以不是任意的,是由于两个层次上的完形类型相互依赖,各种封闭的选择仍然保持着有效的、能为大多数人理解的结构。

建构连贯性把所有不能纳入当下阅读时刻的完形中去的那些成分拖在

后面,但是,留在边缘地带的可能性并没有消失,它们永远存在,并将它们的影子投射到曾经驱逐过它们的完形上。

现在我们几乎人人都已经知道,从希腊悲剧《俄狄浦斯王》中,弗洛伊德总结出了著名的"俄狄浦斯情结",也即"杀父娶母情结"。可以说,"杀父娶母"是弗洛伊德对悲剧《俄狄浦斯王》所建构的意味的完形或者连贯性。我不知道大家的第一阅读感觉如何,反正我最初听到弗洛伊德的这一心理学解释的时候,心里总觉得有一点牵强:既然称之为"情结",那就意味着这一"情结"的心理主体,内心里有一种无法驱除的试图满足这一"情结"的心理趋向。而剧中的俄狄浦斯王在获悉这一不祥的预言之后,却是千方百计地避之唯恐不及,并没有丝毫主动的成分。该剧悲剧性的主要表现就在于,恰恰是他越努力躲避,却越陷入命运的诅咒。也正是因为这个原因,俄狄浦斯在得知预言兑现之后悲愤莫可名状,其后才又有了呼天抢地之余的自刺双目和自我放逐。

我并不是说弗洛伊德建构的连贯性完全站不住脚,而是说,有时候,一个连贯性并不能包含或者容纳作品中的所有成分,对于这些不能纳入的成分,连贯性只能把它们留在外面,像一条拖在身后的尾巴。但要记住,这条尾巴不会消失,它将永远存在,并将阴影投射到曾经驱逐过它的连贯性之上。这就是为什么我心中的这一丝牵强的感觉总是不能消散的原因。

在这里,前景—背景关系再次发挥作用。在建构完形中,我们实际上被卷入到我们造成的事件中去,所以,我们深切地为俄狄浦斯的命运悬心。而同时,被连贯性排斥掉的可能性又造成了一种张力,使我们意识到这终究是一部戏剧,从而将我们悬置在完全介入与潜在超脱之间的一种状态之中。读者正是在这种卷入文本和观赏文本之间持续不断的犹豫不决中,把文本作为一个活生生的事件来体验,从而把文本意义作为一种现实而赋予生命,因为事件体现了现实的本质——发生。

卷入是读者体验的条件。当读者出现在自己造成的事件中时,事件必然对读者产生影响。对我们来说,文本越"现在",我们的习惯本身就越向"过去"消退,但读者旧有的经验仍然存在,它通过被迫面对新的情况而得到重新构造。读者新、旧经验之间的相互作用,就造成了读者对文本的接受。

到此为止,伊泽尔分析的还是作为读者的我们在阅读中能够清楚地意识到的内容。与此同时,在我们的意识下还进行着意象的建构活动。如果说,游移视点是将文本分解开来的话,那么意象的建构就是将分解开来的东西重新综合起来。因为这种综合是前意识的观念化,所以又称"被动的综合"。

建构意象从文本图式开始,它是一种辩证的否定过程。读者先在图式中读出文本通过文字暗示的一系列未经表述的方面,将之集结起来,然后超越它,让它充分显现出这些未经表述方面的意味。

起否定作用的即剧目潜在的具有破坏性的不规则组合。因此,意象的组成有两个要素:"主题"和"意味"。"主题"是当文本剧目引起的知识变得可疑时,通过唤起读者的注意力建立起来的。由于这种主题是关于另一种东西的符号,读者填补其中的空洞就显现出了"意味"。当我们在王朔作品中一个与崇高基本无缘的人物口中听到豪言壮语的时候,这些豪言壮语在读者眼里就显得可疑,唤起了读者的注意,因而也就成了伊泽尔所说的"主题"。显然,我们也知道,这一"主题"是王朔想要表达另一种意思的符号,所以王蒙先生用"解构崇高""质疑堂皇的话语"这样的解读来填补其中的空洞,就显出了王朔作品中这些"文学引喻"的"意味"。

在建构意象的过程中,想象性客体的建立呈现空间化的特点:人物血肉丰满、情景历历如在眼前。但意象的建构是复合的活动,除了空间化的特点以外,它在很大程度上也依赖于阅读过程中的时间轴,因此,由意象建立起来的想象性客体构成了一个系列,如《青春之歌》的人物系列就是林道静、余永泽、江华、林红、卢嘉川、王晓燕,等等。这个系列延伸不断地揭示沿着这条时间轴而来的各种想象性客体之间的矛盾和悬殊差别,我们被迫对其调和、综合,这种滚雪球效应就构成了文本意义。

文本的意义只有在阅读主体那里才能得到实现。在建构意义的过程中,读者自己也得到了建构。这或许是伊泽尔"被动综合"的真正和深层的意味。这一点与姚斯将文学史的完成,落实到文本对读者解放功能的实现,是完全一致的。

那么,对于读者究竟发生了什么呢?由于读者在阅读作品时所思考的显然是不完全属于他自己的思想,所以读者内心必然有一个与之对应的主体。这样,对于所有认识和感知来说都不可缺少的主—客体区分消失了。读者被作者的思想征服了,将他自己固有的个人经验驱逐到过去中去。但是这些原有的思想仍然在读者自身中起着背景的作用,策略的“前景—背景”关系又一次在这里发生作用,作者的思想相对于读者与之相应的倾向性侧面而呈现出作品的主题。由此可见,当我们吸收异己思想时,异己思想必然对我们的经验具有反作用。

从另一侧面看,当主体将自己的经验放逐以后,他就不得不重新经历作品中事件,在一种体验转化的感觉中,体验着作品事件的主体与他原先的自身分裂。两个主体之间分裂形成的张力就标志着读者感动的程度,这种感动激发了主体重新获得它在被迫与自身分开的过程中失去的、追求文本连贯性的愿望。但这并不意味着单纯对读者过去倾向性的唤醒,而是激发主体的多种自发性,这种自发性代表着阅读主体的多种阅读态度,它们能够调和目前文本经验与他固有的过去经验储备,这就揭示出了一直隐藏在阴影中的读者人格的一个层次,即文学活动激活了他心灵中的一个内在世界。

传说古罗马的暴君尼禄,常常会被戏剧感动得泪流满面。可以想象,在这种时候,那个暴君尼禄分裂成了两个主体,其中的一个主体在一种体验转化的感觉中,化身为剧中的人物,经历着作品中的悲欢。观剧中的尼禄,越是忘记了那个杀人不眨眼的暴君尼禄,就表明他被戏剧感动的程度越深。对于尼禄来说,要建构戏剧作品的连贯性,仅仅以观剧前那种暴君的倾向性来面对剧中世界是不够的,他必须激发原先人格中难得一见的多愁善感的方面,以不同于冷酷和嗜血的过去经验储备,与目前的文本经验相调和。所以泪流满面可以说揭示了一个一直隐藏在阴影中的暴君尼禄人格的另一层次,观看戏剧这一文学活动,激活了他心灵中的一个内在世界。

这样说来,文学的作用似乎很大。但也有人,比如卢梭就认为,尼禄的例子恰恰说明了文学功能的虚幻,因为尽管尼禄在观剧的时候可能泣不成声,但回到现实以后,当他听到臣民在酷刑下发出的惨叫时,丝毫无改于一如既往的无动于衷。这当然反映了卢梭文艺论述完全不同的角度。

再回到“被动综合”。在伊泽尔看来,文本意义的构成,不仅意味着读者从相互作用的文本视野中创造逐渐显现出来的意义整体，而且还意味着系统表述我们自己，从而发现一个内在的、我们迄今为止一直没有发现的世界。

四、文本的召唤结构

伊泽尔把文本和读者视作交流过程中分立的两极。那么，我们自然会接着发问：是什么引发两者之间的交流，并对交流过程实行控制呢？换言之，交流的动力和机制为何呢？

伊泽尔是在文学交流与人际交流的类比中寻求答案的。现代交流理论认为，人际交流起源于人们之间体验的相互不可见性。所谓“人们之间体验的相互不可见性”，指的是任何人无法体验他人对自己的体验。这一事实产生了对诠释的基本要求，从而引起交流。这一促发交流的原始动力无法用任何介于两者之间的名称来命名，它只能被称作“非物（no-thing）。

这就好像海德格尔哲学中的“虚无”。海德格尔说，存在的本质就是虚无。这里的虚无并不是一无所有的意思，而是恰恰相反。“存在”这个概念太丰富了，既不是传统哲学中的客体，因为人的存在含有主动性，也不是传统哲学中的“主体”，因为主体一般只指精神性，而“存在”还包括人的身体这样非常物质的部分。它是如此丰富，以至于无以名之，因此只能称作“虚无”。

伊泽尔发现，与人际交流的体验鸿沟相似，文学交流亦存在着不对称性。它具体表现在两个方面：首先，文学阅读不具有面对面的情形，文本不可能调整自己，去适应所有接触它的读者，读者亦不可能向文本发问，以核对自己对它的理解是否准确。其次，文本与读者不像人际交流的双方具有共同的服务目的，因而也缺少由这一目的而带来的共有情境和参照系作为调节。同样，正如“非物”构成了人际交流的基础一样，不对称性也成了文学交流的基本诱因。伊泽尔将这一诱因叫做“空白”（blank）。之所以如此命名，是因为它酷似非物，亦具有不易捉摸的秉性：它通过文本得以实施作用，然而并不存在于文本之中。

这也有点类似于中国画中的“飞白”或“留白”，中国画中空白不画的部分,似乎什么都没有,但实际上蕴含丰富。国画只有考虑到它,创作或者欣赏才会显得气韵生动。所以,“白”的部分又实实在在地发挥着重要作用。

在伊泽尔的文本理论中,空白出现在文本的各个层次,具有多种表现形式:它可以表现为情节线索的突然中断,情节朝着始料未及的方向发展以后,留下缺失的环节就形成了空白。莫泊桑的《项链》和欧·亨利的许多小说,结尾都有读者始料未及的逆转。它亦可以表现为各图景片段间的“脱漏”,脱漏可以引起纷乱的聚焦与重新聚焦的过程,其中那些退居背景的片段就形成了空白的另一种变体“空缺”。在李商隐的《锦瑟》里,迷离恍惚的各图景片段之间就存在着很多“脱漏”。无论是空白抑或空缺,都是文本对读者发出的具体化的无言邀请。空白的第三种表现形式即否定,它既包括文本通过重整剧目否定现存的秩序和规范,这一点我们已经分析过具体的例子了,也包括读者唤起熟悉的主题和形式,然后对之加以否定。这一点可以以《简·爱》为例。最初,孤苦贫寒的家庭女教师与富有而豪爽的男雇主之间的爱情,很有些“灰姑娘”故事的熟悉意味,但疯女人的一把大火彻底地否定了这种主题和形式。

“空白”“空缺”和“否定”合称否定性,它们共同组成文本的召唤结构,引导交流的动力过程。在此当中,显与隐、表露与掩盖之间表现出一种既互相控制又互相扩展的辩证法:

> 隐含东西引发读者的思维行动,这一行动又受显露部分的控制。隐含部分揭示之后,外显部分也随之得到改造。一旦读者弥合了空隙,交流便即刻发生。空隙的功能就像是一个枢轴,整个本文——读者的关系都围绕着它转动。①

伊泽尔的隐显辩证法比其先驱英伽登的具体化理论进步多了。俄狄卡对此辩证法这样评价:当读者的积极参与使图式化结构显示出具体形象的时候,作品的原有结构也已经获得了一种全新的特性。

---

① 伊泽尔:《文本与读者的相互作用》,见张廷琛编:《接受理论》,成都:四川文艺出版社1989年版,第50—51页。

第五讲　意义的生成以及阐释的标准和限度

在这一讲中，我们首先要简单概括一下伊泽尔审美响应理论的方法特点，然后，从伊泽尔的理论困惑之处入手，进一步检视作品意义生成的问题，以及与意义生成问题紧密相关的阐释的标准和限度问题。

一、现象学之光朗彻文学黑匣

综览伊泽尔的审美响应理论，稍加留意，就会发现伊泽尔的体系具有很强的向心性。无论是文本极的剧目选择和策略组织，还是读者极的游移视点的分解和意象的综合，抑或是交流条件部分的空白和否定，最终无一不指向一个目的：审美客体在读者心灵中的建立。也就是说，审美客体也分别是各个二分部分的共同旨归。如果我们再将文本和读者分别逆接在隐含的读者这一概念的两方面含义之下，再在这两方面含义的同一层次平行虚接上交流条件，将这一部分也附属于隐含读者的麾下，我们就会依稀窥见黑格尔庞大的三段论体系的影子。

尤其让人惊奇的是，与黑格尔的"绝对理念"一样，作为三段论体系的基石"隐含的读者"也是虚设的，因此审美响应理论从之出发以后，就再也没有回头，仅仅从字面上赋义，"隐含的读者"并不是非此不可的。但它与黑格尔的绝对理念以信念为基石不同，隐含的读者实际上就是对整个交流过程现象地描述和整体的把握，因而，它的虚设最后还是落在了实处。

伊泽尔的高明之处在于赋予一个概念以流动不居的内涵，从而使概念多了一分灵动。这同样也体现在空白这个概念上。在伊泽尔手下，空白既存在于情节层次上，也存在于主题与视野层次上；既可以形成张力，也可以因空白得到填补而张力消失。在这里，传统的对概念的严格界定不见了，代之以概念的分身法。针对特殊的对象,在一个有限的范围内,这种分身法未尝不是一种创新,但创新在构成了伊泽尔理论之树的亭亭华盖的同时,也难免成为最招风之处。

伊泽尔理论的第二个特点体现在研究视野的转移上。伊泽尔的审美响应理论是针对传统解释规范的失效而提出来的。传统解释规范将艺术品作为体现真实的完美形式,常常试图挖掘出作品背后的意义,以期找到蕴含文本真实意义的"次文本"。伊泽尔打了一个非常形象的比喻,说这种做法就好像将作品当成了一盒包装饮料,将所谓的"真实意义"吸干以后,再将文本当作"空壳"扔掉。这对作品来说是一个莫大的损害。

在伊泽尔看来,现代生活的多样性已经使艺术对真实的表现显得力不从心,而现代艺术则从实践上否定了"译解作品"的可能。我们以前也很自信文学作品能够表现真实,尤其是历史真实。可是看一下格非的小说《迷舟》,战场的记录显示,大战之前,旅长萧神秘失踪,而小说却告诉我们,萧是去幽会早年的表妹情人杏,却被负责监视他的警卫员以通敌嫌疑之名而处死。历史的真实到底是哪一个呢?也许,现代小说家有意颠覆的就是诸如表现历史真实这样的传统观念,他们同时也故意用自己的写作使"译解作品"成为不可能。比如乔伊斯的《尤利西斯》,小说到底叙述了怎样一个完整连贯的故事,通过这些叙述,它到底又要告诉我们什么呢?

伊泽尔也认为,如果将传统解释规范用于解释非古典作品,非古典作品就会无一幸免地成为颓废的产物。由此可见,在有效地解释艺术作品这一功能方面,传统的解释规范已经日暮途穷,出现了深刻的理论断层,而伊泽尔的理论正是努力要跨越这一断层。

如果说伊泽尔的理论生发点有什么新奇之处的话,那么大概就是他的研究视野的转移。正如姚斯对西方两千多年的美学史所作的概括一样,西方传统的解释学一直把"艺术是什么"这样的本体论当作神圣的问题,因此着重点是文本,而伊泽尔则主张以功能论取代本体论,将注意重点转移到读者,揭示文本与读者的交流过程,在此当中,尤其着重考察通过读者的阅读,文本对读者产生了什么样的影响和效应。显然,这种转移突出体现了接受美学的原则。

伊泽尔的理论还突出体现了现象学的精神。我们刚刚说过,伊泽尔的响应理论是为了取代传统解释规范而提出的，但响应理论并不是对解释的彻底摒弃，而是在解释背后再追问为什么，寻找海德格尔所谓的“更源初”的解释。伊泽尔自己这样宣称：“审美响应理论的任务之一，是使对本文的各种解释更容易为大多数人所理解。”[①]比如说，为什么文学作品能够给我们以真实的感觉？为什么“有一千个读者就有一千个哈姆莱特”？

这与伊泽尔所使用的现象学的方法有关。现象学方法强调回溯本源，将复杂纷纭的现象放在括弧里悬搁起来，让最纯粹的东西显现出来，因而所显现的现象都是发生学意义上的，因而也是“最源初”的。伊泽尔的论述过程典型地体现了现象学显现的特点：以描述始，以解释终。描述本身是为了解释，而解释就存在于描述之中。

在此我们可以简单地回顾一下我们已经介绍过的伊泽尔的理论。如果说，游移视点的结构还是描述，但到它的特征已明显地变成了解释具体的读者多种实现文本的基础。

伊泽尔说，游移视点的基本结构是连续句子相互作用的现象学过程，它同时也展示了阅读的基本解释学结构：每一个句子都包含一个空壳的部分，它向后引起新的期待，向前回答前一个句子的期待。因此，每一阅读时刻都是回溯与期待、保持与绵延的辩证统一。这是非常现象的描述。

游移视点的特征是，回溯不仅直接唤起它的前者，而且还常常唤起已经深深地沉入记忆之中的其他视野方面。但这种唤起又不是孤零零地把它从记忆深处唤起，而是唤起一种超越了文本的统觉。由于这个统觉严格取决于具体读者的不同的主观条件，因此，它也就决定了不同读者对文本意义所做的多种实现。这又是非常典型的解释。

如果说，建构连贯性的两个阶段本身是较纯粹的描述，但它同时也对读者实现文本的主观性和合理性作了进一步解释。

我们说过，第一阶段的完形是情节的完形，它是最初的、开放的；第二阶段则是意味的完形，在这一阶段，读者可以在开放的多个意味完形中选择一个来封闭第一阶段的完形。这是描述。

---

① 伊泽尔：《审美过程研究——阅读活动：审美响应理论》，北京：中国人民大学出版社1988年版，第3页。

读者的实现之所以是主观的，是因为他必须在多个意味的完形中选择其中之一，但选择其中的哪一个则是完全由他的主观倾向所决定；之所以是合理的，是因为在第一层次的完形中存在着一种能为多数人理解的交感，而第二层次的完形又紧密依赖于第一层次的完形，所以仍然保持着能为大多数人理解的有效特性。这又是解释。

脱漏的论述是描述，文本给读者带来的真实幻觉又是解释了，而建构连贯性对读者的悬置则完全是对幻觉真实形成的再次解释。

阅读过程并不总是非常顺利地保持回溯和期待、保持和绵延的辩证统一，不可避免会存在"脱漏"。"脱漏"是文本调节的重要时刻，它可以促成阅读过程中许多聚焦和重新聚焦。这是描述。

绵延和回溯又依赖于时间流的双向影响问题，因此，在读者阅读的时间流中，过去和未来连续不断地汇集到现在的阅读时刻，文本自始至终通过读者心灵，这就为阅读的时间尺度增加了空间尺度。因为观点的积累和联合给我们提供了有关深度和广度的幻象，使我们如同处身于真实的世界中。这是对文本带给读者真实幻觉的一种解释。

在建构完形中，读者实际上被卷入到我们自己造成的事件中去，而同时，文本中那些不能纳入当下阅读完形中去的成分还拖在后面，它们又排斥读者完全卷入文本情景。这样，卷入和排斥就形成了一种张力，将我们悬置在完全介入与潜在超脱之间的一种状态之中。读者正是在这种摇摆和游移间，把文本作为一个活生生的事件来体验。这是对真实幻觉的再次解释。

对整个文学活动中的一系列现象进行再度解释，也许构成了伊泽尔审美响应理论最精彩的一部分。同时，游移视点的论述还体现了响应理论的另一特点：对同一现象，如真实的幻觉、多种实现文本的基础等，响应理论往往从不同的角度分别切入描述，最后殊途同归，理论的多解趋一性增强了解释的确证性。

以描述来完成解释，是人类智慧发展到一定阶段的产物。文学自产生之日起，就变成了一个打乱的魔方，人类对自己的这个神奇的创造物迷惑不解。人们给它作了种种界说，借用它与外界事物的关系试图触摸它，虽然有几次撼动了一下铁门，但文学这个千古黑匣依然沉默着。审美响应理论引来现象学之光来朗照这一黑匣，使文学整个过程的运行机制历历在目，这无疑给人增加了条分缕析的透彻感。

当然,与姚斯一样,伊泽尔的文本理论也招致了批评家的指责,伊泽尔的学生卡尔艾兹·施蒂尔勒就对老师的交流理论不甚满意。施氏认为,在伊泽尔的体系中,幻觉与形象的形成是阅读过程的核心。诚然,这种思维是审美经验的基本所在,然而这种活动无以区别对待文学的每一种特殊体裁,因为它完全忽视了文学作品形式方面的特点。因而,伊泽尔的理论亟须接受形式上的加工。比如阅读叙事小说,就要充分估计小说语言的独特之处,即施蒂尔勒所谓的伪参照使用,换言之,也就是在参照形式掩盖下的自参照性。唯有如此,阅读理论才能公正地对待每一种特殊文学体裁的特殊情况。

对伊泽尔的理论作了一番巡礼之后,他与姚斯两人被合称为接受美学双璧的原因也就一目了然了。在奉行和贯彻接受美学的基本原则方面,伊泽尔与姚斯惊人地相似,甚至连遭人诟病的缺陷也是先天孪生的。

他们都认定,文学作品具有某种程度的不确定性,尽管姚斯认为这种不确定性在历史的过程中形成,是形成阐释历史差异的原因,而伊泽尔却认为不确定性存在于文本的图式结构中,表现为交流的动力。

他们都视文学对人产生影响为研究的最后旨归,只不过姚斯主张通过期待视野的变更,实现文学对人的解放功能,而伊泽尔则着重内心人格的挖掘,发现全新的读者自我。

同样,他们一致同意,最有效的文学应该扰乱和违反已被普遍接受的原则,因而同受否定性美学的牵连;他们同声提倡文学研究的社会学维度,但同样为了顾及研究对象的纯粹而局限于模式的理想化。

他们的相似相通之处太多了,甚至于还怀着同样的理论困惑:文本与读者是以怎样的合股形式,共主意义的沉浮?

二、意义生成的黄金分割点存在吗?

正如伊泽尔自我宣称的那样,他所谓的再度解释其中还包括另一项题中应有之义,那就是对非古典艺术也即现代艺术做出合理的解释,这也是他的理论试图超越传统解释规范的地方。伊泽尔对庞杂深奥的现代文学作品进行读解的最经典范例,是他对乔依斯的《尤利西斯》所作的分析。

伊泽尔认为,《尤利西斯》充满了无休止的文学引喻(剧目),把从我们的现代工业社会之中抽取的多方面社会规范和文化规范包含在作品之中(这集中体现在篇幅几乎不下于正文的注释当中),而各章节之间风格又不断变换(有时语言非常古奥典雅,有时又通俗明晓)。读者出于理解的惯性,在阅读过程中不断建立连贯性,但为了实现这一目的,他总得忽略许多东西,这些被忽略的部分又不断地对读者建立起来的连贯性进行轰炸。这样,文本与读者之间的交流本身成了作品的主题。乔依斯的目的就是要使读者体验现代生活的不确定节律,因为生活本身就是由一系列不断变化的模式组成。

作为一家之言的个案分析,伊泽尔的解读在某种程度上称得上精彩,但总的来说,这一个案经验并没有像伊泽尔若隐若现地暗示的那样,可以依此类推。因为如果现代派的文本绞尽脑汁只是让人体验一下现代生活的不确定性,那么文学就失去了独特的价值,因为现代生活的不确定性在现代绘画和音乐中同样也有所体现;如果所有的现代作品只有一个共同的主题,那么它们汗牛充栋的存在就不会不引起人的怀疑。

那么,为什么伊泽尔最后会得出这样的一个结论呢?它意味或者指示出伊泽尔理论的什么问题呢?

汉内格雷·林克以理论家的敏锐,一眼就洞悉了这种分析方法的弊病所在:伊泽尔错误地将能指指认为所指。林克认为,现代作品中所表现的不确定性,仅仅是作者的策略,它本身需要读者解释来确定,而伊泽尔却将它当成作者的所指。这并不是无足轻重的倒置,因为两者之间的毫厘差别稍作演绎就可失之千里。作为能指的不确定性,经读者不同的解释,仍然可以保持开放的自由特性,而不确定性充当所指,就成了众多解释九九归一的终极。这一终极不仅如前所示是不堪重负和虚假的,而且还与伊泽尔最原初的理论出发点相背。

对于这一点,特里·伊格尔顿给出了具体分析。伊格尔顿公正地指出,伊泽尔的接受理论是建立在自由的人道主义思想信念之上的,这一出发点比他的先驱英伽登要宽厚得多。形象地说,英伽登要求读者按照儿童画本涂颜料的方法,将作品图式结构中固有的空白处“正确”地具体化,实际上读者只拥有相当有限的自由,大致接近于文学勤杂工一类的角色;而伊泽尔则俨然像一位大度的雇主,允许读者与文本建立更大程度的合伙关系。这种合伙关系体现在:不同的读者可以自由地按照不同的方式,将作品具体化,没有一种可以用尽它在语义方面的潜力的、独一无二的正确解释。

至此为止,这位雇主一直都是一副和善的样子,但转眼之间,他就拉长了脸,下了一条严格的指令:读者必须将文本理顺,使它内部保持一致。这也就是前面已经说过的建立连贯性。在这条指令的监督限制之下,于是就有了游移视点完形的两部曲,也就是情节的完形和意味的完形。于是就表现出了将连贯性之外的不确定因素制服、冲淡,使之正常化的企图。

问题是,像《尤利西斯》这样的作品,很难建成连贯性怎么办?或者说,作品中能够纳入连贯性和不能纳入连贯性的成分一样多甚至更多,它们拖在后面投在连贯性上的阴影足以将勉强建立起来的连贯性轰毁怎么办?

所以伊格尔顿评论说,一位标榜"多元论"出场的批评家竟然以如此独断的姿态收场,这是十分令人奇怪的。伊格尔顿将其中的原因归咎于格式塔心理学的机能主义偏见:部分必须与整体协调一致。[1]

但伊格尔顿或许也忽视了一点:格式塔观点在伊泽尔的理论中仅仅处于宾从的地位,主要体现在建立完形中,它有足够的威力将文本理论导入歧途吗?况且,完形理论本身有它的心理学依据,它之于伊泽尔,裨益多于损害。伊泽尔的困境有着远为深远的理论渊源。

众所周知,阅读过程,也就是意义的生成过程。关于意义的产生,历来有两种针锋相对的论点:客观主义坚持,每一部作品只有唯一正确并确定的意义,该意义往往与作者的意图吻合;而主观主义则认为,意义全然是个体读者头脑的产物。对主客双方各执一端的对立,接受美学的理论基础——伽达默尔的解释学和英伽登的现象学已经基本上成功地将之消泯了,因而接受美学大师也准备一如既往地走中间道路。

姚斯是这样做的,但马上就面临着难题:于主张意义在历史中生成的开放性和没有穷尽的同时,如何有效地防止陷入相对论的陷阱呢?他的对策是提出在现实中汲取动力的问答逻辑的弹性调节。伊泽尔与姚斯殊途同归,他认为,文本的空白引导着意义的建立,但空白的排列和运作是有一定

[1] 特里·伊格尔顿:《文学原理引论》,北京:文化艺术出版社1987年版,第98—99页。

顺序的，因而它限制了意义的主观随意性。

除去姚斯与伊泽尔两人理论的侧重点不同这一点不计，他们两人对意义生成问题的回答几乎是同质的，其实都有点含糊其辞：在不确定性外，限以适度的确定性，那个要害的问题被延搁了，但依然未得以解决：在意义的生成中，如何掌握不确定性与确定性的精确比例？理想中的黄金分割点存在吗？这大概就是伊泽尔喜怒无常的真正原因：自由主义的本性决定了他对意义的生成信马由缰，这也让他看起来像一位大度的雇主；失控的潜在恐惧又迫使他未临悬崖而勒马，所以一转眼又露出了独断的面孔。

正当伊泽尔在走钢丝般地玩着平衡术的时候，赫施（Eric Donald Hirsch）打着保护作者的旗帜向伽达默尔一派的阐释学提出了挑战。赫施为他所处的学术界的混乱状况所惊悚：作者被放逐了，批评家篡夺了作者的位置，在过去只存在一个作者的地方，现在涌现出了一大批，他们具有同等的权威性。“本文说什么”的问题变成了“本文向一位个别的批评家说什么”的研究。这种情况导致了一个令赫施难以接受的后果：“恰当的判断、解释获得有效性的原则不存在了”，因为“排除了作为意义决定者的原作者，就是拒绝了唯一令人感兴趣的、能把有效性赋予解释的标准原则”①。为了拯救濒临深渊的解释的有效性，他决心拯救被废黜的作者。

赫施采取的是各个击破的策略。他所遭遇的第一个敌人是这样一种论点：“本文的意义在变化——甚至对作者亦然。”

赫施一来就使出了自己的杀手锏，提出“意义”（meaning）和“意味”（significance）的区分。“意义是由一个本文所表现的东西；它是作者借助于对某种特殊符号序列的使用所表示的意思”；“意味”则是“在意义与某一个人，或某一观念、或某一状况、或事实上任何可以想象的事物之间，指定某一种关系”②。

意义是解释的对象，它持久不变；可以不断变化的是意味，它是批评的目标。即便是作者对自己的作品改变了看法和态度，那也只是随着不同的情势关联改变了作品的意味，这正好反证了意义的永恒，因为如果是作品意

---

① 赫施：《为作者辩护》，载《上海文论》1988 年第 1 期。

② 同上。

义发生了变化,那么作者就大可不必去否定它了。

赫施的第二个目标是一个典型的新批评的论调:“作者想要表示什么无关紧要——唯有他本文所说的东西。”赫施重申了自己的吻合论:“解释的有效性不等于解释的创造性。有效性包含着一个解释同由本文展现的某种意义相吻合。”①

诚然,赫施也承认,作者无足轻重论以这样的一种论点为支持,那就是,作者的意向并不等同于意向的完满实现,作者意欲表达的东西无法直接证明他本文所表达的意义。是啊,这是很多人都能明显感到的区别,苏轼就说过,“了然于心”,未必能够同时做到“了然于手与口”,这是创作者的遗憾。

作为反驳,赫施接着前述的区分指出,批评家评价的任务就是要在意向和实现之间不断加以区分。如果说创作有着没有完美表达的遗憾,那么批评家的任务之一就是指出这一遗憾,而不是将意向和实现相混淆。然后,仍然将阐释唯一有效性的冠冕归于作者的意向。

赫施又说,有时公众舆论会出现与作者相左的情况,但任何时候,公众舆论总是一个不稳定的描述性概念,提出公众舆论的一律,是一个经验性错误;将稳定的阐释标准建立于这样不稳定的概念之上,更是一个逻辑性错误。

赫施视作者意向为至高无上,那么自然而然地就要面临第三种责难:“作者的意义是难以到达的。”既然我们不是作者,因而就无法复制作者的意义,甚至连作者本人也无法复制自己当时的意义;除非我们钻进作者的头脑,否则我们就无从确切知道作者意欲表达的意义。

赫施的回答是,我们不能混淆意义体验的不可复制性与意义的不可复制性。确定地破解的不可能与理解的不可能也不是一回事。他退一步说,既然在解释中真正的确定性是不可能的,我们就应该力图在人们所知东西的基础上达到某种一致,即或许能达到正确的理解。我们也许能在作者的字面意义中庶几窥见作者的真义,因为字面意义包含着作者意识到的意义和无意识流露的意义。我们拥有很大的可能来正确理解作者的字面意义,这种信念是我们在学习与作者共同的语言的时候就内在树立起来的。

① 赫施:《为作者辩护》,载《上海文论》1988年第1期。

第四种反对意见是:“作者常常并不知道他要表示的意思是什么。”

赫施认为,这种不知不外乎下面两种情况:一种是“康德理解柏拉图比柏拉图更好”。这种情况并不是说康德更好地理解了柏拉图的意义,而是康德在柏拉图较感兴趣的主题上发挥得更好;第二种情况是解释者引出了“作者意欲表达但并未意识到的组成部分”。对于作者的字面意义所表达出来的无意识成分,解释者的任务是使之变得清晰明显。这时的解释者要格外谨慎小心,因为如果解释引发了作者意义伴随的暗示,那就属于曲解和误读的问题了。

这已经足够想见赫施的战略和战绩了。赫施最拿手的是概念的细微区分,但不知他是否意识到,每一次精确的区分都是对自己严格的限定,每一次限定又是主动出让自己的地盘。这就好像我们原本要讨论“人类世界”,结果有人说,我关注的是“女性世界”,这种限定等于主动放弃了一半的领地。赫施的概念区分就类似于此。当他丢弃“意味”而固守纯粹的“意义”时,就是将气象万千的交流领域拱手相让。这是赫施的第一次撤退。

赫施似乎骁勇善战,但对论敌却丝毫不构成威胁,反而使自己精疲力竭。他退据的最后城堡是作者的纯粹之意,但这一城堡安置在何处呢?好像也只有在胡塞尔的意向性概念中找到立锥之地了。如此纯粹的意义只能是先于语言,但据卡西尔的研究,对于混沌开凿以来的整个人文世界而言,语言是第一块奠基石,先于语言何异于消弭于黑暗?这种意义本身已经匪夷所思,更何况还要去重建?

正是在这里,赫施不得不进行第二次战略性的大撤退,竭力去理解作者的字面意义,将复原萦绕在作者脑际的思想的雄心,转化为圈划作者意义可能范围的努力。即便如此,读者要重建这一范围,也只能借助于文义的意义类型,而无法穷尽一切具体独特的东西。这样,文本就被粗暴独裁地缩小简化了。

与赫施貌似步步进逼、实际上内心十分虚弱相反的是,伊格尔顿擅长以退为进、以守为攻。他说,我们可以假设赫施成功地重建了作者的意义,但这个意义也不像赫施所想象的那样稳定和明确。它们之所以不稳定、不明确,是由于它们是语言的产物,而语言本身具有一种模糊性,重建所得的作者的意图仍然是一个有待解释的复杂文本。

而正如上面所说，赫施恰恰将自己重建的基础建立在共同语法规范的信念之上。赫施似乎忽视了，如果人们都坚守这一信念，他们又何苦不相安无事，而卷入这场无休无止的意义争执中呢？

赫施处心积虑要维护作者原意的一统，本质是想要以他那解释标准的吻合论，效忠于长期以来在西方占统治地位的符合论真理观。这种真理观把这样的一种看法当成"被公认的和被设定的"，即真理就是"认识同它的对象的符合"①。海德格尔经过精辟的分析指出，符合论的真理观是肇始于古希腊的真理原初现象，被西方形而上学潮流湮没以后取后者而代之的。本真的真理概念应该等同于"揭示"或"使澄明"。这种本真的真理观让赫施感到恐惧，因为"使澄明"和"揭示"会毫不犹豫地舍弃和摒斥勉为其难和矫情的原意重建活动，让文本意义在交流领域中裸露出来。

赫施的矛头正是指向了海德格尔及其虔诚后学伽达默尔。他实在无法理解一个作品可以有多个甚至无限个意义，也无法理解今天的理解何以与昨天不同，因而要固执地区分"意义"和"意味"。但伊格尔顿指出，这种区分只在最明显的层次是正确的，但一旦将之绝对化，就有点站不住脚了，因为要截然区分"文本的意义是什么"和"文本对我的意义是什么"几乎是不可能的，而要在这种区分的基础上重建作者可能有的意义，则更是陷身于伽达默尔所说的解释的循环中了。

赫施是以挑战者的姿态出现的，他也是被作为接受美学的裨补者而被介绍到中国的，但赫施披挂着客观主义这件早已被人弃若敝屣的破烂战袍，驾着形而上学真理观这匹驽钝的老马，一入场又逆行人阵，这副现代堂·吉诃德的模样实在让一旁观战的伊格尔顿大惑不解：为什么赫施要死抱着浪漫派有机主义的偏见——作品的统一寄寓在作者无所不包的创作意图之中——不放呢？"实际上，没有任何理由说明作家为什么不可以有几个相互矛盾的意图，为什么他的意图不可以有点自相矛盾，但是赫施根本不考虑这种可能性。"不解之后，便忍不住讥诮了："赫施之保护作者的意义很像是保护那些持不动产的头衔，这种保护是以追溯几个世纪中合法继承的过程

① 马丁·海德格尔：《存在与时间》，北京：三联书店 1987 年版，第 259 页。

而开始的,但是结局是承认这些头衔是通过同别人争斗得来的。”①

赫施的勇士之梦悲壮地破灭了,但我们所关心的问题也没有取得任何进展。也许,赫施的惨败会升起我们心中几个依稀的疑问:黄金分割点也许只是一个幻想?在这条海市蜃楼招引的道路上,姚斯和伊泽尔也许已经走到了尽头,被荒榛和荆棘挡住了去路?也许更明智的方法应该是改变方向、另辟蹊径?

三、艾柯:过度诠释与文本意图

1990 年,意大利著名学者和作家安贝托·艾柯(Umberto Eco),应邀在英国剑桥大学的克拉尔厅(Clare Hall)作名为“诠释与过度诠释”(Interpretation and Overinterpretation)的系列丹纳讲座(Tanner Lectures)。艾柯在演讲中表达的关切,与伊泽尔和赫施关注的意义阐释问题密切相关,而应邀担任此次讲座辩论者的美国结构和解构主义的重要批评家乔纳森·卡勒(Jonathan Culler)对演讲所作的回应,也集中体现了美国读者反应批评对文本意义和阐释问题思考的发展路向,因为正如我们在下一讲即将看到的那样,卡勒同时也是美国读者反应批评阵营里的重要一员。在某种程度上,我们或许可以将艾柯和卡勒之间的学术对话,看成是他们围绕着意义阐释的限度和标准问题所展开的一场理论交锋。

早在 1962 年,在姚斯创建接受美学之前,艾柯就曾在自己的著作《开放的作品》中提倡“开放性阅读”,肯定“诠释者在解读文学文本时所起的作用”。但他很快发现,读者在阅读《开放的作品》时,注意力主要都集中在作品所具有的开放性这一方面,而忽视了一个重要的事实:“开放性阅读必须从作品文本出发(其目的是对作品进行诠释)”,因此会受到文本的制约。换言之,“文本的权利与诠释者的权利之间”②的关系是辩证的。

鉴于他自己的观察:“在最近几十年文学研究的发展进程中,诠释者的权利被强调得有点过了火。”艾柯开始转变态度。他仔细考察了皮尔士

---

① 特里·伊格尔顿:《文学原理引论》,北京:文化艺术出版社 1987 年版,第 84—91 页。
② 安贝托·艾柯:《诠释与过度诠释》,北京:三联书店 2005 年 11 月第 2 版,第 24 页。

(Pierce)关于符号“无限衍义”(unlimited semiosis)的观念,试图表明:“从‘无限衍义’这一观念并不能得出诠释没有标准的结论。说诠释(“衍义”的基本特征)潜在地是无限的并不意味着诠释没有一个客观的对象,并不意味着它可以像水流一样毫无约束地任意蔓延。”①

艾柯并没有隐讳他此次演讲的论辩对象。他们具体包括:哈罗德·布鲁姆、以斯坦利·菲什(Stanley Fish)为代表的美国读者反应批评家们、托多罗夫,以及英国的艾勃拉姆斯(M. H. Abrams)等。这些人分别声称:对文本唯一可信的解读是“误读”(misreading);文本唯一的存在方式是它在读者中所激起的系列反应;文本,只是一次“野餐会”:作者带去语词,而由读者带去意义;对文本进行诠释意味着对组成文本的语词为何可以通过这种方式去做“这些”事(而非“那些”事)的原因做出解释。艾柯将他们统称为“后现代”理论家。

艾柯否认诠释没有共同标准的说法。他选取了一个无论“读者中心的批评家”还是“非读者中心的批评家”都一致认为“非常荒谬”的极端的解读的例子,然后指出:我们一般可以断定,某个解释是很糟糕的诠释。根据波普尔的科学理论,这就足以对诠释没有共同的标准这一假说进行“证伪”。

那么是否“惟一能够代替激进的以读者为中心的诠释理论”只能是“作者意图”论,即认为“诠释的惟一目的是去发现作者本来的意图”呢?艾柯认为,在“作者意图”(非常难以发现,且常常与文本的诠释无关)与“诠释者意图”——用理查德·罗蒂的话来说,诠释者的作用仅仅是“将文本锤打成符合自己目的的形状”——之间,还存在着第三种可能性:“文本的意图”。②

由此可见,对于意义生成的问题,艾柯几乎怀抱着与姚斯和伊泽尔非常接近的辩证的看法。与赫施一样,他反对阐释的漫无定准,但他却不同意赫施将阐释的标准赋予作者的做法。还有一点与赫施不同的是,赫施攻击的是伽达默尔及其后学,而艾柯批评的则是在德里达影响之下的“后现代”的“解构主义”批评家。

① 安贝托·艾柯:《诠释与过度诠释》,北京:三联书店 2005 年 11 月第 2 版,第 24—25 页。
② 同上书,第 26 页。

众所周知,艾柯十分博学,所以他采取了知识考古的批评策略。在系列讲座的第一讲"诠释与历史"的后半部分,艾柯将当代理论界关于文本意义(或意义的多元性)争论的历史渊源,一直追溯到古希腊。他这样清理其中的理论谱系:

在希腊和拉丁的遗产中,既有以柏拉图和亚里士多德为代表的理性主义,也有发端于希腊"埃留西斯神秘教派"(the Eleusinian Mysteries)的神秘主义。前者强调由同一律、矛盾律和排中律所确证的因果链的线性性质,其所遵奉的肯定式的逻辑原则视合理(适)为"符合某种 modus(模式)"或"标准",也即"在某种界限之内,因而会受到一定的制约"或"限制"①;而后者却从对"无限"概念的迷恋出发,发展出来一种"无限变形"的思想,"其因果链状如螺旋,不断回复到自身"②。

后一脉思想在公元 2 世纪左右种族和语言"多元杂合"的历史背景下,发展起了一种神秘主义。这种神秘主义倾向于"寻找某种超越于人类之外的""神性启示",视真理为"隐秘难解"的东西。相应地,他们声称:我们的语言越含糊,越具有多义性,越使用象征性符号和隐喻,就越能理解"藏于表面之下"的"未曾言说""秘而不闻"的真理,越适合对那个包孕着重重矛盾的宇宙终极根源进行命名。

很显然,在这种神秘主义中,矛盾律和同一律"遭到了否定和拒斥",转而"求助于宇宙间的普遍感应与类似性"。"其结果是,诠释成了无限的东西。那种试图去寻找一种终极意义的努力最终也不得不向这样一种观点屈服:意义没有确定性,它只是在无休无止地飘浮。"③

在文艺复兴时期,古典神秘主义被新柏拉图主义者和基督教神秘主义者重新发掘出来,神秘主义的模式开始继续为大部分现代文化提供营养。通过与现代科学理性主义的悖论性的复杂对话,神秘主义再生为"新的神秘论非理性主义"。艾柯认为,这种"新的神秘论非理性主义""在许多后现代主义的批评理论中",表现为意义"漂浮"与"游移"的观念。④

---

① 安贝托·艾柯:《诠释与过度诠释》,北京:三联书店 2005 年 11 月第 2 版,第 27—28 页。
② 同上书,第 30 页。
③ 同上书,第 31—33 页。
④ 同上书,第 36—37 页。

艾柯还指出,这种“从希腊和拉丁理性主义那里逃逸出来的思维模式”[①]还与同样起源于公元2世纪的诺斯替主义遗产结合在一起,“导致了某种神秘主义综合症的产生”,这种“神秘主义模式的畸形发展”形成了一种信念:“权力的奥秘在于让人相信他掌握有某种秘密。”[②]

艾柯“寻找神秘主义遗产之根源”的目的,在于有助于“理解某些当代的文本诠释理论”,因为他发现,“在古代的神秘主义与许多当代批评方法中”“可以发现一些令人惊异的相似之处”[③]。

如果说,在第一讲里,艾柯解神秘化的是意义诠释的“无限多元”和不加限定的历史根源的话,那么,在第二讲“过度诠释文本”中,他把考古的重点对准了“过度诠释”的原因,也即这种神秘主义的核心诠释思维,即把诠释世界与文本的方法,建立在天人之间、宏观宇宙与微观宇宙之间具有相互“感应”这一观念的基础之上。而宇宙感应的观念在形而上与形而下两个层面上都依赖于相互感应的双方之间所存在的那种或明或暗的“相似性”。艾柯把这种诠释标准称为“神秘主义符指论”(Hermetic Semiosis)。[④]

“神秘主义符指论”首先得断定“相似性”究竟为何物。然而,它所假定的相似性的标准却过于宽泛和混杂:只要能够确立某种联系,用什么标准倒无关紧要。一旦相似性这种机制得以确立与运行,我们就无法保证它会停下来。相似性下面所隐含着的意象、概念与真理反过来又会作为其他意义的相似性符号。……这一过程永无止息。这也成了神秘主义符指论的一个根本原则。如果两个事物相似,一个可以成为另一个的符号;反之亦然。

艾柯指出,毋庸置疑,人类思维也是按照同一与相似的原则进行的。不过在日常生活中,我们一般都知道怎样去区别相关的、有意义的相似性与偶然的、虚设的相似性。

为了区别“清醒与合理的诠释与妄想狂式的诠释”,也即为了对世界与文本进行“质疑式的解读”,艾柯指出,必须设计出某种特别的方法。比如,侦探与科学家都基于这样一个原则进行推理与判断:“某些显而易见但显

① 安贝托·艾柯:《诠释与过度诠释》,北京:三联书店2005年11月第2版,第37页。

② 同上书,第40页。

③ 同上书,第40—41页。

④ 同上书,第47页。

然并不重要的东西可能正是某一并不显而易见的东西的证据和符号,据此我们可以提出某种假设以待验证。但某一东西要想成为另一东西的证据和符号必须符合三个条件:简洁'经济'(没有比此更加简单的解释);指向某个单一(或数量有限)的原因而不是诸多互不相干的杂乱的原因;与别的证据相吻合"①。

艾柯认为,"过度诠释"的产生可能从对线索重要性的过高评价开始,而"对线索的重要性的过高评价常常是由于我们天生具有一种认为最显而易见的证据就是最重要的证据的倾向"。用这种"显而易见"的归纳方法进行科学推理搞不好会出一些很奇怪的错误。而神秘主义符指论正是在这种怀疑论的诠释实践方面走得太远。②

首先,过分的好奇导致了神秘主义者对一些偶然巧合的重要性的过高估计,而实际上,这些巧合完全可以从其他角度得到解释。在此过程当中,神秘主义者经常运用一种"错误传递"的原则:如果 A 与 B 有 X 这种关系,而 B 与 C 有 Y 这种关系,那么 A 也就与 C 有 Y 这种关系;其次,这种"错误传递"原则还可能得到"另一神秘主义原则的支持",这一原则即倒果为因:"结果被假定并诠释为其自身原因的原因。"③艾柯认为,"在当代的文本诠释实践中","可以发现同样的论证过程"④。

对艾柯来说,接下来的问题是:用什么标准才能断定对文本的某个特定诠释是"过度诠释"呢?艾柯的答案是:可以借用波普尔(Popper)的"证伪"原则:如果没有什么规则可以帮助我们断定哪些诠释是"好"的诠释,至少有某个规则可以帮助我们断定什么诠释是"不好"的诠释。

在第一讲中,艾柯就曾反复强调:"一定存在着某种对诠释进行限定的标准。"⑤"如果确实有什么东西需要诠释的话,这种诠释必须指向某个实际存在的、在某种意义上说应该受到尊重的东西。"⑥在第二讲的末尾,艾柯终

---

① 安贝托·艾柯:《诠释与过度诠释》,北京:三联书店 2005 年 11 月第 2 版,第 50—51 页。
② 同上书,第 51—52 页。
③ 同上书,第 52—53 页。
④ 同上书,第 54 页。
⑤ 同上书,第 42 页。
⑥ 同上书,第 46 页。

于正面表达了他在意义争论和阐释标准问题上的主张：

> 这个古典的争论面临着一个二难困境：要么旨在在文本中发现作者意欲说出的东西，要么旨在发现文本独立表达出来的、与作者意图无关的东西。只有接受了后一种观点之后，我们才可以进一步去追问：根据文本的连贯性及其原初意义生成系统来判断，我们在文本中所发现的东西是否就是文本所要表达的东西；或者说，我们所发现的东西是否就是文本的接受者根据其自身的期待系统而发现的东西。①

显然，艾柯否认了作者意图作为意义阐释和限定的标准，而选择了“文本意图”（作品意图）。实际上，正如他自己所说的那样，他是试图在“作品意图”与“读者意图”之间保持某种辩证的关系。因为“文本意图”并不能从文本的表面直接看出来，它只能依靠“读者站在自己的位置上推测出来”，“读者的积极作用主要就在于对文本的意图进行推测”。

艾柯描述了这样一个“诠释学的循环”：

文本被创造出来的目的是产生其“标准读者”（the Model Reader）。这种标准读者并不是那种能做出“唯一正确”猜测的读者。隐含在文本中的标准读者能够进行无限的猜测。“经验读者”（the empirical reader）只是一个演员，他对文本所暗含的标准读者的类型进行推测。

既然文本的意图主要是产生一个标准读者以对其自身进行推测，那么标准读者的积极作用就在于能够勾勒出一个标准的作者（model author），此标准作者并非经验作者（empirical author），它最终与文本的意图相吻合。

因此，文本不只是一个用以判断诠释合法性的工具，而是诠释在论证自己合法性的过程中逐渐建立起来的一个客体。这是一个循环的过程：文本产生标准读者，标准读者推测标准作者，标准作者与文本意图或作品意图重合。

那么，怎样对“作品意图”的推测加以证明？唯一的方法是将其验之于文本的连贯性整体。换言之，文本的内在连贯性控制着读者的诠释活动，否则读者的诠释活动便无法得到控制。

---

① 安贝托·艾柯：《诠释与过度诠释》，北京：三联书店 2005 年 11 月第 2 版，第 67 页。

艾柯清楚地意识到,在他界定的"诠释学的循环"中,或者在他论述的"读者意图"与"文本意图"的辩证关系中,"经验作者的意图"这一概念变得毫无用处。在第三讲"在作者与文本之间"中,艾柯主要是以两部小说《玫瑰之名》和《福柯的钟摆》的经验作者的身份,用一系列亲身经验,充分证明了以下这些结论:

对于诠释活动来说,"作品文本就在那儿,经验作者必须保持沉默"[①]。"经验作者"的概念之提出,"仅仅是为了强调他在诠释活动中并不起很重要的作用"[②]。

诠释活动的对象是文本:"在神秘的创作过程与难以驾驭的诠释过程之间,作品'文本'的存在无异于一支舒心剂,它使我们的诠释活动不是漫无目的地到处漂泊,而是有所归依。"[③]

诠释的标准则是"文本意图":"在无法企及的作者意图与众说纷纭、争持难下的读者意图之间,显然还有个第三者'文本意图'的存在,它使一些毫无根据的诠释立即露出马脚,不攻自破。"[④]

四、卡勒:诠释只有走向极端才有趣

谁都可以看出,在总共三次的讲演中,艾柯对"过度诠释"的批评明显多于对"适度"的"诠释标准"的建构。对此,身为"后现代""解构主义"批评家之一的乔纳森·卡勒,欣然接受了演讲的组织者给自己分派的角色:"为'过度诠释'一辩"。卡勒的辩论显得既严谨犀利又明快坦率。他说:

> 诠释本身并不需要辩护;它与我们形影相随。然而,正如大多数智识活动一样,诠释只有走向极端才有趣。四平八稳、不温不火的诠释表达的只是一种共识;尽管这种诠释在某些情况下也自有其价值,然而它却像白开水一样淡乎寡味。

① 安贝托·艾柯:《诠释与过度诠释》,北京:三联书店 2005 年 11 月第 2 版,第 84—85 页。
② 同上书,第 91 页。
③ 同上书,第 95 页。
④ 同上书,第 84 页。

“许多‘极端’的诠释”,“如果它们果真非常极端的话”,“就更有可能揭示出那些温和而稳健的诠释所无法注意到或无法揭示出来的意义内涵”①。

卡勒这样分析艾柯概念的含义:过度诠释的观念隐含着“存在某种‘恰如其分’的诠释”这一前提。仿佛诠释存在着某种“度”,有人在该停的时候没有停下来因而犯了“过度”诠释的错误。②

对于被艾柯称之为“偏执狂式的诠释”,卡勒分辨道:如果我们的兴趣与目的仅仅在于接收别人发出的信息的话,偏执狂式的诠释也许会不合适;然而,有点偏执狂——至少是在试图探讨事物本质的学术界——对事物的诠释而言是至关重要的。

如果我们的兴趣并不在于接收别人发出的信息,而在于去理解比如说语言与社会之间相互作用的机制的话,不时地后退一步,反思一下为什么有人要说诸如“天气真不错,不是吗?”之类毫无意义的大废话,将会是非常有用的。这些问题对一般性的交际而言也许并不重要,然而,它却能促使我们去反思产生这些问题的文化的运行机制。

卡勒更愿意用韦内·布思(Wayne Booth)在《文学批评中的理解》一书中所作的(适度)理解(understanding)与过度理解(overstanding)的对立性区分来取代艾柯的诠释与过度诠释。(适度)理解就是去问一些可以从文本中直接找到答案的问题。比如,“从前,有三只小猪”这句话要求我们问的问题是“接下来发生了什么事情?”或者“其具体的叙事语境是什么?”“过度理解”则在于去问一些作品文本没有直接向其标准读者提出来的问题。布思的区分优越于艾柯的区分的地方在于,它更容易使人们看到“过度理解”的作用及其重要意义。

布思发现,去问那些文本并没有鼓励你去问的问题,这一点对于诠释来说可能非常重要,而且极富于创造性。

布思举的一个具体的他称之为“极富于创造性”的“过度理解”的例子,是西方人非常熟悉的《三只小猪与大坏狼》的故事。他这样问道:

---

① 安贝托·艾柯:《诠释与过度诠释》,北京:三联书店 2005 年 11 月第 2 版,第 119 页。

② 同上书,第 120 页。

> 你想用这个关于三只小猪与一只恶狼的、看来完全是讲给小孩子们听的天真的小故事来表达那个保存了你、并且与你心心相印的“文化”的什么东西呢？关于创造了你的那个作者或民间集体作者的潜意识的梦？关于叙事悬念的历史？关于白色人种与黑色人种之间的关系？关于大人物与小人物、有毛与无毛、瘦与肥？关于人类历史中的三合一模式？关于圣父圣灵圣子的三位一体？关于懒惰与勤奋、家庭结构、民用结构、节食与减肥、正义与复仇的标准？关于控制叙事视点以产生移情效果之历史？……①

如果按照艾柯的观点，所有这些布思称之为“过度理解”的问题都可以算作“过度诠释”。卡勒说，如果认为诠释只是对文本意图的重建。那么这些问题与诠释毫不相干；它们想问的是“文本做了些什么”？“它又是怎样做的？”这样的问题，它怎样与其他文本、其他活动相连？它隐藏或压抑了什么？它推进着什么或与什么同谋？卡勒指出，许多非常有趣的现代批评形式追寻的不是文本记住了什么，而是它忘记了什么；不是它说了些什么，而是将什么视为想当然。

卡勒还引用了诺思罗普·弗莱(Northrop Frye)在其《批评的解剖》中的观点。弗莱将视阐明文本的意图为文学批评的唯一目的这种批评观念称为“小杰克·霍纳”(Little Jack Horner)式批评观：认为文学文本就像一个馅饼，作者“勤勉地往里面填入大量的美的东西或美的效果”，而批评家们则像“小杰克·霍纳”那样得意洋洋地将填入的东西一个一个地抽出来，边抽边说：“啊！我多棒哪！”弗莱以一种对他而言很少见的刻薄称这种观点为“由于系统批评的缺乏而滋长出来的邋遢懒散和无知”②。

对弗莱而言，解决这一问题的方法自然是建立一种诗学体系，这种诗学体系能够描述出文本为了实现其目的而使用了哪些策略。卡勒认为，许多批评由于涉及的是具体的作品因而都可以看作是一种诠释，然而其目的也许并不是去重建那些作品的意义，而更多地是想去探讨作品文本赖以起作

---

① 安贝托·艾柯：《诠释与过度诠释》，北京：三联书店2005年11月第2版，第123—124页。

② 同上书，第124—125页。

用的机制或结构以及文学、叙事、修辞语言、主题等更一般性的问题。正如语言学家的任务并不是去诠释语言中的具体句子而是去重建这些句子得以构成并发挥作用的规则系统一样,大量被误认为是"过度诠释"的东西其目的正是力图将作品文本与叙事、修辞、意识形态等一般机制联系起来。

这一点被卡勒一而再地强调:

> "文学研究面临着的一个令人困惑的问题是,当批评家们声称对文学文本进行诠释时,他们实际上做的却是试图诠释分析语言的系统及其各个要素以及文学系统的全部'子程序'。""在大多数情况下,这种关注或探究是至关重要的,尽管在作品诠释的具体过程中,这一点可能并不会得到强调。"①

> "这种试图去理解文学文本运行机制的努力是一种合理的学术追求,尽管并非人人都对这种追求感兴趣,就像并非人人都对那种试图去理解自然语言的结构或计算机程序的特点感兴趣一样。我认为,作为一个学科的文学研究的目的正在于努力去理解文学的符号机制,去理解文学形式所包含的诸种策略。"
>
> "在文学研究中人们实际上不只是得到对具体作品的诠解(使用),而且还会获得对文学运行机制——其可能性范围及其独特的结构——的总体理解。"②

> "而我本人则坚持认为,文学研究的目的正是去获取关于其运行机制的知识。"③

回到艾柯与卡勒对解构主义的分歧。卡勒这样分析艾柯的批评理路,"艾柯似乎将其(解构主义——笔者注)视为读者反应批评的极端发展形式,好像解构就是认为文本可以具有读者想要它具有的任何意义。"④显然,"艾柯被他对界限的过分关注误入了歧途。他想说文本确实给予读者大量

---

① 安贝托·艾柯:《诠释与过度诠释》,北京:三联书店 2005 年 11 月第 2 版,第 126—127 页。

② 同上书,第 127 页。

③ 同上书,第 129 页。

④ 同上。

自由的阅读空间,但这种自由是有一定限度的。相反地,解构主义虽然认为意义是在语境中——文本之中或文本之间的一种关系功能——生成的,但却认为语境本身是无限的:永远存在着引进新的语境的可能性,因此我们惟一不能做的事就是设立界限。”

卡勒接着想要表明这样的观点:“但意义生成过程中的这种任意性(缺乏界限的标志)却并不意味着意义是读者的自由创造——艾柯似乎很害怕这一点。相反地,它表明,符号的运行机制是很复杂的,我们无法事先确定它的界限。”①

罗兰·巴特(Roland Barthes)也被卡勒引用来作为自己辩辞的佐证:“巴特曾经写过,那些不去下工夫反复阅读作品文本的人注定会到处听到同样的故事。因为他们所认出的只是已经存在于他们头脑中的、他们已经知道了的东西。巴特认为,实际上,‘过度诠释’的方法——比如,任意地将文本分成许多序列(sequences),对每一序列都进行仔细地考察并将考察的结果显示出来,即使这也许与诠释问题无关——就是一种‘发现’的方法:对文本、符号以及符号实际运行机制的发现。一种方法如果不仅使人思考那些具体的元素,而且能使人思考那些元素的运行机制,它就比只是力图去问答文本向其标准读者所提出的问题的那些方法更有可能获得新的发现。”②

卡勒最后表示:被艾柯与“过度诠释”相联系的“过度好奇”“是我们一直在努力寻求的、探究语言和文学奥秘的最好方法和智慧源泉,我们应该不断地去开发它,而不是去回避它。如果对‘过度诠释’的恐惧竟导致我们去回避或压制文本运作和诠释中所出现的各种新情况的话,那将的确是非常悲哀的”③。

卡勒为“过度诠释”辩护的中心策略就是,诉诸文学研究和文学批评的多元意义和使命:“不应该将文学作品的诠释视为文学研究的最高目的,更

---

① 安贝托·艾柯:《诠释与过度诠释》,北京:三联书店 2005 年 11 月第 2 版,第 130—131 页。

② 同上书,第 131—132 页。

③ 同上书,第 132 页。

不能视其为惟一的目的。”批评家“应该将其思维的触角伸向尽可能远的地方”①。

从对作品意义的探究，到意义生产的条件和规则的分析，直至文学系统背后语言和文化机制的研讨。这也从一个方面反映了美国读者反应批评的理论发展趋向。

① 安贝托·艾柯：《诠释与过度诠释》，北京：三联书店2005年11月第2版，第119页。

第六讲　美国读者反应批评的实践和理论

美国的“读者反应批评”（Reader-Response Criticism）是一个宽泛的概念，它意指那些使用“读者”“阅读过程”以及“反应”这一类用语的批评家所集合而成的学术流派。但“读者反应批评”一语也曾经被伊泽尔所使用。在《读者反应批评的回顾》一文中，伊泽尔用它合指自己与姚斯的研究，以这一概念涵盖了接受美学文本处理的历史和技术两大支脉的内容。

两种用法既有极紧密的联系，但也存在着十分细微的差别。伊泽尔兼顾文学交流的文本与读者两极，强调两极之间相互启动相互完成的过程，而美国的“读者反应批评”却在伊泽尔的模式中向一边倾斜，表现出读者决定一切的主观化倾向。所以，在译名上略加斟酌、加以区分是必要的。

“反应”英文为“Response”，我们在第四讲业已讲过，中国人民大学出版社版的译者霍桂桓、李宝彦在翻译伊泽尔的代表作之一 *The Act of Reading：A Theory of Aesthetic Response* 时，将它译成“响应”，取响随声应之意，颇得伊泽尔的本心。这样读者反应批评就可以将所指范围明确限制于美国了。

还需要说明的是，读者反应批评的批评家也有法国和比利时等国籍的，但他们都是在美国进行学术活动或任教职时进行读者反应批评研究的，在此并不加区分。

一、影响的顺差势能

当冈特·格里姆将文学社会学指作走向接受美学第一门径的时候，他原本是针对德国的情况而言的。早在二次大战以前，德国学术界就存在着一股文学社会学的潜在潮流，其中较著名的有：莱文·苏金（Levin Schucking）的趣味社会学、列奥·洛文达尔的心理社会学，以及欧根·茹尔茨的

“文学作品的效果值学说”。

苏金从读者接受趣味即审美观的社会性来研究文学，将文学发展的动力归之为接受公众审美趣味的历史变化，然后又将后者与时代精神联系在一起，并且提出了确定既定时代主导趣味的方法。

从读者接受趣味的变化来透视文学发展可以是一个非常有趣的角度。我在北大百年校庆的晚会上曾经听到过两句诗朗诵，让我感觉到爱情诗也可以反映出时代的变化。那两句诗今天听来可能会令人莞尔：

> 我们坐在湖边的长椅上，
> 中间隔着一本书的距离。

我不知道这两句诗的出处，但从其中透露出来的含蓄甚至有些扭捏的情态中推想，它大概应该是上世纪六七十年代的出品。

这真是能够明显地让人感觉到时代不同的气息。对比一下五四时期刘半农那首被人到处传唱的名诗《教我如何不想她》。那可是名副其实的诗歌，因为诗句真的被谱成了歌曲：

> 天上飘着些微云，
> 地上吹着些微风，
> 啊，微风吹动了我头发，
> 教我如何不想她？
> ……

浅白直率，因为五四时期既在诗歌的语言方面提倡白话，追求个性解放又是当时的时代精神。

从谌容的小说《人到中年》当中，我们知道了50年代的大学生傅家杰追求医学院女生陆文婷，朗诵的是匈牙利诗人裴多菲的诗句：

> 我愿意是激流，
> ……
> 只要我的爱人，
> 是一条小鱼，
> 在我的浪花中，

快乐地游来游去。

我愿意是荒林，

……

只要我的爱人，

是一只小鸟，

在我的稠密的，

树林间做窝、鸣叫……

我愿意是废墟，

……

只要我的爱人，

是青春的常春藤，

沿着我荒凉的额，

亲密地攀援上升。

扑面而来的是一股东欧的浪漫，然而正如我们一般理解的50年代的风气，讲求奉献和自我牺牲。

然后是七八十年代之交的新时期，舒婷的《致橡树》①是当时爱情诗中的翘楚：

我如果爱你——

决不像攀援的凌霄花

借你的高枝炫耀自己；

……

我必须是你近旁的一株木棉，

作为树的形象和你站在一起。

根，紧握在地下，

叶，相触在云里。

……

① 阎月君、高岩、梁云、顾芳编选：《朦胧诗选》，沈阳：春风文艺出版社1985年版，第54—55页。诗末注明该诗写于1977年3月27日。

你有你的铜枝铁干
像刀、像剑,
也像戟;
我有我红色的花朵
像沉重的叹息,
又像英勇的火炬。
我们分担寒潮、风雷、霹雳;
我们共享雾霭、流岚、虹霓。
仿佛永远分离,
却又终身相依。
……

既要求人格的独立与尊严,又强调情感的坚贞和缠绵。更重要的是,全诗还带着一丝那个重新要求"文学成为人学"时代的宣言气息。

洛文达尔借助于弗洛伊德的学说,首开社会心理学的接受理论之先河,声称如果没有对作家、作品、接受者的心理学三角中无意识冲动的研究,就没有诗歌美学。

茹尔茨则从图书馆学方面着手,将叙述体作品的动态结构同读者的心理结构联系起来。一方面,在作品中寻求引起阅读者心灵中的力量和激动的特性,另一方面,则在读者身上探求何种心灵和精神状态使他接受某一作品,着重观察读者在艺术作品上感受到的吮吸般的积极效果。

这时期的文学社会学研究是接受美学在德国的最早萌芽,他们在方法上重视经验,有时使用民意测验、调查数据、统计分析的办法。

二战以后及至60年代前半期,在德国文坛上独占统治地位的是新批评在德国的变种"文体批评派"或称"内阐释派"。文坛不满于文学龟缩在象牙之塔中,尝试寻求新的开端,文学社会学又或多或少地给予接受美学以启发。

1957年,卡尔·沃尔夫出版了《文学效果学概要》,他在该书中希望通过引进效果学而使他所从事的文学现象学本质研究趋于完善。他区分了作者的效果意图和公众身上产生的实际效果、效果产生的量与质等等,建议解释活动对创作效果进行引导,以便更好地实现艺术作品的教育意义。同年,马丁·格赖纳确定了“作品—接受者”这一综合关系在文学社会学中的重要地位,认为这是文学社会学研究更为幸运、更有条理的开端。

这些都是60年代前德国文学社会学研究的状况。那么,它们与接受美学的产生有什么关系呢?

霍拉勃这样评价文学社会学对接受美学的启示作用:“文学社会学对接受理论的关系,或许不是一种直接的影响,或曰不是简单的因果关系”,但只要“人们越来越关注社会学研究,肯定会波及接受理论所由产生、繁荣的氛围”。尤其是当接受美学产生以后,它的“主题必须论及文学与大众之间的关系时”,接受理论家就更要“致力于研究某些出现于社会学研究中的相同问题”①。

接受美学与社会学有着天然的亲缘关系,因而自姚斯的第一篇接受美学的宣言发表以后,德国的社会学研究更是如异军突起、一发而不可收了。社会学的研究领域迅速拓展,它甚至转而指责姚斯和伊泽尔简化社会学的任务、抽象读者的社会学背景,全然不顾姚斯和伊泽尔竭力防止文学社会学走入滥用误区之苦心。这是德国的情况。

我们很难拿出确凿的资料证明,在姚斯之前,德国的接受美学萌芽与美国的读者反应批评有任何实质性的接触与影响,更有可能的是,正当新批评在美国甚嚣尘上的时候,读者反应批评已经在形式主义文论的母腹中孕育生长起来了。但由于德国的接受美学与美国的读者反应批评有着类似的先天环境,这个类似的先天环境就是,它们都有着与形式主义文论抗争的历史,因而,虽然两者在基本隔绝的情况下平行发展,但仍然具有许多神似之处,因而,将格里姆概括的第一条道路,即从社会学走向接受美学,用之于读者反应批评,其间也没有什么大的龃龉之处。

发美国读者反应批评先声的是女批评家路易丝·罗森布拉特(Louise Rosenblatt)。她在30年代就继续波兰文论家英伽登的思路,提出文学沟通的概念,认为文学作品是通过作者与读者的沟通来实现的。作者竭力想通过作品中包含的那些有机联系的感觉和观念,表达自己的生活经验和世界

① 〔美〕R. C. 霍拉勃:《接受理论》,见《接受美学与接受理论》,沈阳:辽宁人民出版社1987年版,第333页。

观,读者要理解作品就要努力全面掌握那些感觉和观念,并从自己的本性出发对作品的因素进行新的综合和再创造。

作品未经综合和再创造之前只是“文本存在”,只有读者与文本结合的成果才堪称真正意义的文学作品。因为读者的阅读实践是一种介入性的沟通行为,在此当中,读者将自己的个性特征、对往事的回忆、现时的需求和成见、阅读时的特定情境以及生理状态都带入了作品,只有联系这些因素,作品才能得到描述。

罗森布拉特的思想是美国读者反应批评的导引,但在30年代的美国,这俨然是空谷足音,透出几许寂寥,因为我们知道,当时在美国的文学批评界大行其道的是新批评。

直到历史揭开50年代这一页,读者反应批评才开始掀起一些波澜。1950年,沃克·吉布森(Walker Gibson)发表了《作者、说话者、读者和冒牌读者》(Authors, Speakers, Readers, and Mock Readers)一文。在该文中,吉布森比照人们已经习以为常的作者与说话者之分,将读者区别为真正的读者与冒牌读者。

我们先说作者和说话者的区别。我们知道,一个作家一辈子要创作很多作品,而且除了创作之外,在一大部分时间里,他还要做一些后来自己都可能无法记清的事情,因而,透过一部作品要追寻作者是不可能的,用吉布森的话说就是,真正的作者令人感到迷惘和神秘,湮没于历史之中。在作品中能够清楚把握的是“说话者”,因为“说话者”是真实的,它“纯由语言组成,他的全部自我清楚地展现在我们眼前的书页上”①。

同样,一部作品的真正读者也可能多如恒河沙数,他们混迹于芸芸众生,无法归纳、无法表达,相反,“冒牌读者”却是可以把握的。吉布森说,“冒牌读者”就是我们为了体验作品而按照语言的要求所采取的一套态度和品质。“冒牌读者”这一概念对人来说可以不教自会。事实上,每当我们翻开一本新作品的书页,并对书本中的语言世界做出反应之时,我们就踏上了一条新的冒险历程,充当作品中的冒牌读者。

---

① 沃克·吉布森:《作者、说话者、读者和冒牌读者》,见《读者反应批评》,北京:文化艺术出版社1989年版,第49页。

因为“冒牌读者”是“从杂乱无章的日常情感中简化、抽象出来的”“人工制品、听人支配”①，所以它能够使读者的每一次阅读经验具体化。批评家如果洞悉作品中说话者与“冒牌读者”之间的对话和问答，就可以了悟作者写作上的一些策略和手段。

“冒牌读者”的第三项作用，是对辨别指明何谓坏书这一课题具有特效。所谓坏书就是，“我们在它的冒牌读者身上发现了我们不愿效法的人，拒绝戴上那样的面具，拒绝扮演那样的角色”②。

吉布森是从教学实践中提出“冒牌读者”理论的，因而又转回到教学实践中来。据他理解，教师的一大重要职责就是扩大学生冒充的可能性，教会他们恰如其分地冒充，以及正确地判别哪一个“冒牌读者”不可容忍。

尤其是最后一项，是关乎教育学生、促使学生反观自己的价值体系、进而塑造学生的道德观和人格的大事。为此，吉布森提醒学生：“把文学体验中的模拟世界和日常经验中的真实世界区别开来是极端重要的，但这种重要性决不应掩盖这样一个事实：我们对于价值判断的要求最终是为了在一个非常真实的世界里取得社会的认可。”一言以蔽之，就是要回答这样一个问题：“我要成为谁？”③

区分文学的模拟世界和日常真实世界，这是在文学中恰如其分地冒充的前提，但通过在模拟世界中扮演角色所获得的价值判断，目的却是为了有益于真实世界里的社会认同。在吉布森这里，已经显示出了接受美学后来重视文学的教育、解放功能的先兆，但仍然带有初期非常浓郁的意识形态意味。但不管怎样，吉布森的功绩不容抹杀，它扭转了美国文论的价值取向。在他之后，读者反应批评开始蔚为大观。

关于五六十年代的美国读者反应批评，我们还应该提到伊泽尔的一段话。伊泽尔在《接受美学的新发展》一文中有这样一段论述：“就严格的字面意义而言，接受研究所关注的是载于文字的阅读现象，故而它十分重视实例的分析。因为，这类实例展示了读者作为决定的因素，在本文接受过程中

① 沃克·吉布森：《作者、说话者、读者和冒牌读者》，见《读者反应批评》，北京：文化艺术出版社 1989 年版，第 50 页。

② 同上书，第 55 页。

③ 同上书，第 56 页。

所持的立场,所做出的反应。”①

这段话尤其适合于五六十年代美国读者反应批评的全面实践时期。在这一时期,许多同吉布森一样从事第一线教学实践的学者都已经普遍接受了这样一个信念:文学教学如果充分重视学生对作品的反应,就会更有成效。他们袭用文学社会学的实验调查方式,进行多方面的实例分析。其中两位学者所进行的读者接受反应的实例分析最为著名。

詹姆斯·R.斯夸尔(James R. Squire)以52名九年级和十年级的学生为实验对象,将学生在阅读一篇短篇小说过程中所说的任何话语,都作为反应详细地记录下来,然后用统计学方法集中对记录进行分析。结果表明,读者反应中为数最多的是阐释类的陈述,其次是自我介入和文学评价的陈述。他还表明,阐释的说服力一般与实验对象的智力和阅读能力无关,而自我介入的陈述与评价的陈述有着明显的相似之处,它们常常同时包括在一种反应之中。尽管青少年的阅读反应表现出某种群体性倾向,可是每个读者的能力、素质和经验背景的独特影响仍然造成了个别的变化。换言之,读者的反应是主观的。

九年之后,詹姆斯·R.威尔逊(James R. Wilson)用类似的方法继续研究,发现了一个令人震惊的事实:尽管有些反应是粗糙的或者含糊的,或者只抓住一鳞半爪,但是很难证明这些阐释是由于没有看懂作品或者反应迟钝而造成的错误阐释。也就是说,每个读者的反应和阐释都有一定的合理性。因而他不禁提出这样的疑问:正确解释的界限是什么?文学是一种“标准化的结构”吗?

威尔逊认为,也许给阐释下一个有效的定义就可以绕过这些关键性难题,但是调查结果表明,对已获得的反应进行分析,比运用种种衡量阐释准确性的标准更为重要。换言之,他最终放弃了寻求更有效的阐释定义的企图。

威尔逊还解释了斯夸尔对于自我介入与评价判断之间的关系的观察结果。他推测说:“对于有效的阐释过程来说,最初的自我介入是必需的,大多数实验对象可能一开始只会关心与自己关系密切的问题。这就是说,阐

① 伊泽尔:《读者反应的回顾》,载《上海文论》1992年第2期。

释可能是处于第二位的论断性过程,最初的自我介入是不可缺少的。”①

威尔逊与斯夸尔的研究成果基本上表达了这样一个重要结论:文学阐释是以反应为基础的,而反应是一种受个人动机支配的主观活动。

在实例分析取得可喜成绩的同时,这时期的理论探讨也有一定的推进。法裔学者迈克尔·里法泰尔(Michael Riffaterre)提出的意义理论引起学术界的震动。尽管里法泰尔仍未完全摆脱新批评的影响,认为作品的意义蕴藏于文本的语言当中,但是他强调,文本中语言的重要性并不是平均的,要想把握文学作品中与意义相关的语言特征,就要把焦距对准那些始终吸引各类读者的注意力的特征。在他看来,作品的意义是读者对文本做出反应的一个作用,必须依靠读者反应才能得到准确描述。读者反应是作品的意义出现在文本某一特定点的证明。

里法泰尔的另一项重要贡献是“超级读者”概念的提出。“超级读者”意指从事理论的群体,包括作家、批评家、阐释家、学者等所有具有足够良好的文学素养、能够对作品做出恰当的反应的人们。里法泰尔坚信,仔细衡量语言在这一类反应者身上所起的效果,就能把文本意义剥离出来。

可以看出,对于意义生成的问题,即在意义的生成中,到底是文本(语言)还是读者(阅读)起决定作用?里法泰尔的做法是,将意义的所有权授予文本,同时又将意义的剥离操作权赋予“超级读者”。他像个和事佬,穿梭于新批评与接受美学之间,力争超脱于论争的漩涡中心。然而这样一个事实已经昭然若揭:新批评徒有意义之名,而读者反应独得其实。

总的说来,德国的接受美学与美国的读者反应批评虽然萌芽于基本相同的时期且平行发展,但读者反应批评由于抄了实践的捷径,直觉地规避了后来即使如姚斯、伊泽尔者都难以幸免的陷阱。

从一开始,读者反应批评的读者就是具体限定的。从吉布森的“冒牌读者”,到里法泰尔的“超级读者”,以及后来菲什的“有知识的读者”……形成了似乎永无止境、日臻完善的读者概念流,这些概念使读者的阅读经验获得具体化,弥补了姚斯、伊泽尔读者概念的抽象和笼统之弊。

---

① 詹姆斯·R.威尔逊:《大学一年级学生对三部小说的阅读反应》,1966年,转引自《读者反应批评》,北京:文化艺术出版社1989年版,第227页。

至于意义生成的论争，假如姚斯、伊泽尔和赫施这样一干人等，能够稍微倾听一下威尔逊在实践当中发出的质疑，即正确解释的界限是什么？文学是一种“标准化的结构”吗？他们也许就可以获得一个更高的争论起点。因为威尔逊的质疑中已经预先蕴含了对他们论争根本的动摇和否定，惜乎这一质疑并未对他们产生影响。

但显而易见，这时候的美国读者反应批评，相对于德国的接受美学，在理论的国际交流和贸易收支中，具有影响的顺差势能。

二、多棱镜折射下的修正比

60 年代末，经过长期的酝酿，多方因素的际会，德国接受美学终于双日齐升。姚斯和伊泽尔得德意志民族悠久深厚的思辨传统之滋养，构造了洋洋大观的理论体系，其博大精深远非美国那些在此之前虽不乏创意的灵光、然终未从实践中超升的读者反应批评可以比拟。接受美学研究唯德国马首是瞻，美国转为影响的逆差。

尽管，70 年代的美国读者反应批评在德国接受美学的影响之下，也发生了质的飞跃，普遍上升到理论高度，但伴随着与世界学术潮流接轨的完成，影响的焦虑也无可避免地开始在读者反应批评家之间弥漫。但美国是这样一个国度：它最容易接受外来影响并因而产生了独树影响焦虑理论的理论家，但也最容易摆脱焦虑，因为它拥有对各种理论兼收并蓄的胸襟气度。

美国就如同一支多棱镜，当德意志的太阳升起之后，其灼人的光焰透过这支多棱镜，就折射成如万花筒般绚丽多彩的修正比的彩虹。事实上也正是如此，70 年代以后，美国文论界各路人马均在读者反应批评的麾下集结，他们各显神通，创建、发展了读者反应批评研究的诸多模式。

当时在宾州大学任职的法裔学者热拉尔·普兰斯（Gerald Prince），就是叙述学读者反应批评模式的代表人物。普兰斯的切入方法与吉布森颇为相似：既然真实的作者有一个真实读者相对，那么虚构的叙述者就必然要对应着一个虚构的叙述接受者。然而迄今为止，叙述接受者仍是一个缺席者。普兰斯就准备从此空缺入手，致力于缺席者的在场显现。

这里有一个问题：普兰斯的虚构的叙述接受者和吉布森的“冒牌读者”有什么区别呢？最明显的不同是，“冒牌读者”虽也是文本语言的虚构，但却由真实的读者来扮演；而叙述接受者只能依据叙述作品的语言暗示进行重构。

为了完成这一重构过程，普兰斯设立了一个操作的标准：零度叙述接受者。零度叙述接受者需要具备一些最低限度同时也最纯粹的知识装备：懂得叙述者所用的语言和言辞的外延，但不包括内涵；精通遣词造句的法则，不过不包括无穷尽的超语法现象；具备领会句子之间的前提和后果关系的推理能力；熟知叙述故事的规则；拥有良好的记忆力。除此之外，它既无个性，亦无社会特征，他只会逐页逐字地被动跟踪明确而具体的叙述，使自己熟悉所发生的事件。

普兰斯的操作原理有点类似于温度计测量体温，摄氏 37 度是一个标准，体温高于这一标准，我们就判定为发烧。普兰斯认为，叙述接受者一旦偏离了零度叙述接受者，构成了差异，就显现了自己的形象。读者如果细心留意文本所暗示的差异，就可以探知叙述接受者的踪迹，而这种暗示比比皆是，如，叙述者直接称呼叙述接受者，验证叙述接受者的某些特征；运用第二人称代词和动词形式，暗示叙述接受者隐而未露的存在；无人称措词和不定代词，即非人物又非叙述者发出的来历不明的疑问；对某些同样来历不明的先入之见的否定……不下数十种。普兰斯的一套是极为正规严格的叙述学的缜密操作。

叙述接受者获得重建之后，根据它的叙述情境，根据他们在叙述者、人物以及叙述之间所处的地位，可以划分为许多种类。这些不同类型的叙述接受者在叙述中发挥着一系列的作用：它构成叙述者与读者之间的中继，帮助建立叙述的框架结构；它为塑造叙述者的性格服务，有助于突出某些主题；它还推动情节的发展，担当作品道德观念的代言人。

普兰斯认为，叙述接受者是一切叙述的最基本成分之一，“要是叙述类型学不仅以叙述者而且以叙述接受者为基础，那么它就更为严谨精确。”[1]

---

① 热拉尔·普兰斯：《试论对叙述接受者的研究》，见《读者反应批评》，北京：文化艺术出版社 1989 年版，第 75 页。

普兰斯的研究几乎给人以纯粹叙述学的错觉,那它与读者反应批评有什么关联呢?要知道,如果人们拥有了叙述学这把解剖刀,对文学作品中叙述的结构肌理了如指掌,那么对意义在反应者心中生成的机制也就了然于胸了,这又是正宗的读者反应批评。

乔治·普莱(Georges Poulet)的"内在感受"(Experience of Interiority)说带着较明显的伊泽尔影响的痕迹。在普莱的理论中,阅读行为恰似一个按钮,它启动了两个方向互逆的相继升降过程:首先,书本从外在于人的物理性存在,上升为深入读者内心的意识,向读者袒露胸怀;紧接着,读者从拯救书本于物质静止状态的牢笼的解放者,下降为屈从于作品意识的俘虏。

当作品转化为意识闯入读者的脑子以后,读者的主体就发生了奇异的变化:一方面,它被租借给另一个人,以似乎是另一个人的方式思考着异己的思想,异己思想在读者脑子里找到了一个对应的主体;另一方面,尽管读者原本的主体受到了极大的限制,但仍然微末地存在着。结果,两个主体分享着读者一个意识。

普莱的这一论述与伊泽尔主体分裂理论如出一辙,但不同的是,伊泽尔的两个主体基本上旗鼓相当,因而当读者原本的主体吸收同化了新主体之后,解放功能的道德剧就完成了。通过第四讲我们已经明白了,这是文学的阅读和接受活动激活了读者心灵中的一个内在世界,读者在无意识中获得了"被动综合"。

然而在普莱这里,两个主体的力量悬殊如同霄壤。外来主体活跃而有力,占据显著地位;读者的自我意识只是扮演了被动记录内心轨迹的角色,它对于前者毫不设防,而前者进入后者的领地则如入无人之境。就好像读者主体意识的这一外来租借者是一个专门欺负软弱房东的恶房客。

为什么会造成这样的差别呢?是因为普莱有一条无法跨越的精神限高线:新批评的文本崇拜。因而他固执地认定,意义完全由作者主体统辖着的作品决定。对读者来说,重要的以及唯一必需的是从内部与作品保持某种一致性。作品在读者内心划出了国境线,因而读者就被轻而易举地牺牲了。

然而,读者与作品保持一致,在普莱的内在感受批评中只是初入门径,批评的最高境界发生在这样的时刻:"存在于作品中的主体会摆脱它周围的一切,独自存在","而向自身(并向我)展露其本来面目"。批评家为了把握这一"不可言喻,又具有根本的不确定性"的纯粹主体存在,必须"陪伴思维一起去摆脱其自身的羁绊","把自己提高到一个没有客观性的主观性之高度"①。

这是作者和批评家两个主体借由作品这一中介,所达到的肝胆相照的境界,好比两个武功高手摆脱了众人,跃升到某个绝顶之处单独切磋。但普莱并没有说明这一过程是如何发生的,我们姑且将之理解成普莱在类似达摩面壁之后所获得的突然的顿悟和超升。

诺曼·N.霍兰(Norman N. Holland)则是精神分析模式的读者反应批评理论家。有趣的是,霍兰也是以一个比例等式作为自己的开场白的:整体(Unity)/本体(Identity) = 文本(Text)/自我(Self)。

整体指的是文学整体,它是文本在被人阅读的过程中经两度抽象而获得的:先将具体情节汇集在几个主题之下,然后将这几个具体主题进一步综合为中心主题。

自我、本体是两个心理学词汇。与整体和文本的关系类似,如果说自我就是某个人包括肉体与精神的全部现实存在的话,那么本体就是我们从这个人一生期间身体及行为所经历的无数变化中,抽象出来的一个不变式。用音乐词汇作比,本体像一首乐曲的主题,它决定了这首乐曲的所有变奏曲之间的结构关系,自始至终保持一种恒定状态。就好像我们常常说的,一个人一辈子可能做过很多事,但仔细想来,似乎每件事都非常符合或者说反映了他的个性。

霍兰这一公式的含义是:"假如把自我看作文本,本体就是我在自我中找到的整体。"②

霍兰指出:上述的等式已经把这样的一个假设预先包含在里边了:整体与本体这样的本质要素存在于它们所表达的具体形体之中。我们必须对这一假设加以确证。然而,当我们这样做的时候,我们便投入了一种将组成我们的历史真实的自我的行为,这个历史真实的自我来源于并且表现为我们

---

① 乔治·普莱:《文学批评与内在感受》,见《读者反应批评》,北京:文化艺术出版社1989年版,第91—92页。

② 诺曼·N.霍兰:《整体 本体 文本 自我》,见《读者反应批评》,北京:文化艺术出版社1989年版,第202页。

自己的本体主题。

我努力把霍兰的意思解释得更明白一点:整体相对于文本,相当于从作品中概括提炼出来的中心思想,本体相对于在历史真实中存在的自我,相当于道德品行总结。如果我们在霍兰的比例等式中间画上等号,就标志着我们做了一个假设,假设整体与本体确实存在于文本与自我当中。假设需要证明。然而,当我们去证明这一假设的时候,这一证明的举动却又构成了自我历史真实存在的一部分,而这一部分又是来自于本体主题的。

换言之,当我们从文本中概括出整体,或者从自我中寻找出本体的时候,我们是用一种对我们的本体主题来说十分典型的方式进行的。这是一个循环,这个循环昭示了这样一个重要的事实:我们从文学文本中发现的整体,包含着发现这个整体的本体。因为整体是读者自我发现的,而自我是本体主题的变奏之一。再翻译成直白的话说就是,对文本的解释(概括出整体),包含着解释者本身。

这就是为什么人们对同一文本的解释之所以各不相同的原因,因为每个读者都会按照自己的方式对文本施加不同的外在信息。同时,也是更重要的,人们对同一文本所作的解释各不相同这一事实,也直接证实了霍兰对解释所作的全新定义:“解释是本体的一种功能,是一个本体主题表现出来的变化形式。”所以我们也可以说,批评家的批评行为表现了批评家的自我或风格。

霍兰从这一定义出发,总结出解释运作总的原理:“本体重新创造其自身,或者换一个说法,风格——指个人风格——创造其自身。”[①]这条总原理又分离出三种具体方式。从这里开始,霍兰进入了纯正的精神分析理论:

最先,每个人都会在文学作品中发现自己特别希求或格外恐惧的东西,用刘小枫教授的说法是每个人特有的“爱”和“怕”。对此,我们内心趋利避害的整套防护体系就开始做出反应,它根据我们的本体主题在文学作品中创造出获得所希求的东西并摧毁所恐惧的东西的独特方法。防护体系的这种作用类似于江湖的“切口黑话”,文学作品只有与之取得协调,才能被读

---

① 诺曼·N.霍兰:《整体 本体 文本 自我》,见《读者反应批评》,北京:文化艺术出版社1989年版,第205—206页。

者的意识所接受。

文学作品一旦穿过防护系统以后,读者就可以从中创造出能给予自己快乐的那种特殊的幻想。这是解释的第二种方式。解释的第三种方式即个人本体或生活风格再创造的最后完成。幻想的大胆欲望或怪诞想象常常会引起犯罪感与忧虑,因而,有必要将粗陋的幻想改造成美的、合乎道德理智的完整经验。当这种改造完成的时候,作品就汇集于理性和美学层次,本体重新创造了其自身。

霍兰用平方根的符号($\sqrt{}$)来图解这三种方式。文学作品艰难紧张地渗入本体防护部位,下沉到无意识深层,然后被转化为与特定本体主题相联系的无意识的欲望,竭力向上争取满足,最后推进到和谐而理性的艺术经验水平。

霍兰就是以这种精神分析的语汇,再一次描述了姚斯、伊泽尔所强调的阅读主体的更新和提高过程,在接受美学的道德旨归终点,与姚斯和伊泽尔会师。

霍兰还认为,如果我们将作家的本体主题及其文化形式的观念应用于文学批评的实践,我们就可以移情分享某个特定作家的一生创作的整体。为什么叫“移情分享”呢?因为通过体验他的本体,我将他特有的风格与我自己的风格混合在一起了。同样,这也是我按照自己的本体主题进行的,我分享艺术家天才的感受行为,实际上也就是我的创造行为。

当我们获悉作家的本体主题的时候,我们也就洞悉了他内心最深处的秘密、他艺术技巧的全部精华,其实也就洞悉了令普莱感到难以捉摸的作品中的主体。也许,移情分享恰恰是促使普莱获得超升的灵丹妙药。

斯坦利·E.菲什(Stanley E. Fish)应该是新批评模式的读者反应批评代表。在他身上,体现了美国读者反应批评的一个共同特点:作为新批评时代的叛臣逆子,他们毫不犹豫地抛弃了许多被新批评奉为金科玉律的核心观念,然而他们又与新批评保持着千丝万缕的联系,剪不断,理还乱。菲什的“感情文体学”(Affective Stylistics)既是对读者反应的直接研究,也是对意义生成的正面探讨。两者在他的理论中合二为一。

为什么这么说呢?菲什一开始就摒弃了新批评封闭的文本观,将文学比作活动艺术。活动艺术是现代的一种雕塑形式,因为采用活动的部件,利用机械的原理，所以能使雕塑时刻保持动感效果。菲什的意思是说，读者每多读一个词或者一个句子，文本的意义也就跟着发生变化，这一点与活动艺术非常相似。

以之为出发点，他又提出了一个中心命题：意义是事件。在他看来，意义不存在于作品中，它是阅读的产物，而阅读是读者从事的一项活动。因而，意义的寄身之所应该是读者。读者对作品的全部体验就是作品的意义，意义即读者的反应。

那么，怎么来研究读者的反应呢？菲什是以"细读法"入手的。统而言之，就是提出这样一个简单的问题：每个词作什么？具体地说，就是忠实地记录作品中的每一个句子、每个词在读者身上引起的一连串活动。显而易见，这种分析的影响和压力每时每刻都在呈几何级数递增。因而，阅读经验的"时序"和"时间流"必须受到特别重视，否则会很容易发生错乱。

但菲什好像并不介意这种方法的琐碎和繁冗，他津津乐道的是这种分析带来的两大优点。他说："这种方法的基本作用在于使阅读经验'减速'，从而使在正常速度下不被注意但在事实上却是发生了的'事件'在我们进行分析时引起我们的注意。这就好像使用一架具有自动定格功能的摄影机把我们的语言经验记录下来同时又放给我们看一样。"①

"这一方法的另一优点是，它能够用来分析一些没有任何意义的——也就是讲不通的句子（或作品）。"②因为阅读这样的句子或者作品可以不知所云，但不可能没有任何反应。疑惑、茫然，甚至焦躁，类似这些反应就代表了讲不通文本的意义。

我们可以发现，在这样的"细读"过程中，菲什其实已经推翻了伊泽尔意义企业中合伙经营的老板文本，由读者大权独揽了。那会不会导致读者解释的主观任意呢？对于这一点，菲什也不担心，因为读者还带着语言这一特殊的锁链。

在菲什看来，语言存在着悖谬的两个方面：就索绪尔意义上的约定俗成

---

① 斯坦利·E.菲什：《文学在读者：感情文体学》，见《读者反应批评》，北京：文化艺术出版社1989年版，第100页。

② 同上书，第111页。

而言,它是任意的;但一旦投入使用,精心编织的上下文、通用惯例,以及语言所属的社会力量都会对语言产生深入肺腑的影响,所以在某种意义上说,语言又可以任意准确地表达它所要传达的任何意思。在语言划定的魔圈中,随心所欲的解释只是一个学究式的幻想。在菲什的理论中,语言的限制作用起码可由两种成分来体现:读者先于实际语言经验而存在的内在的语言能力和语义能力。它们都对阅读时间流起着监督和组织作用。

菲什也提出了自己的读者概念:有知识的读者。这种读者在拥有上述两种能力的同时还兼具文学能力。菲什的目的在于表明,这种读者是可以通过大学的文学教育培养的。在菲什看来,文学并没有如通常偏见所认为的,存在着只可意会不可言传的玄学性质。他坚决反对苦心孤诣地对语言进行文学语言与非文学语言的区分,要知道,姚斯与伊泽尔就是因为执著于不可以数量计的文学玄学质素而陷身一筹莫展的境地的。菲什用经验的实证主义,一笔抹杀了姚斯和伊泽尔悲壮之举的意义,一下子就把自己面临的问题大大简化了:通过占有自己的全部阅读反应,训练有素的"有知识的读者",就可以一举占有作品的完整意义。

美国读者反应批评的第五种模式是结构主义的。与菲什一样,乔纳森·卡勒(Jonathan Culler)也对文学的玄学性质缺少热情与兴趣。他最初是从结构主义角度来思考文学的:文学作品具有结构与意义,其原因仅仅在于人们用一种特定的方式去阅读它。读者使用这种方式的能力即所谓的文学能力,它来自阅读的传统和惯例体系。

我们实在应该感谢美国诗人威廉斯的那首著名的诗歌《便条》,因为对于类似卡勒这种对文学作品的理解,我们恐怕再也找不出比这首诗更恰当的例证了。

便　条

"我吃了放在冰箱里的梅子。它们大概是你留着早餐吃的。请原谅,它们太可口了,那么甜,又那么凉。"

如果这样连起来读,它就是一张普通的便条。可是将它按照通常诗歌的惯例分行排列起来以后,它就成了一首诗:

便　条

我吃了
放在
冰箱里的
梅子
它们
大概是你
留着
早餐吃的
请原谅
它们太可口了
那么甜
又那么凉

文学能力是研究读者反应(其中包括文学批评)的关键所在,因此,卡勒孜孜以求的是:探求“理想的读者”的文学能力之构成,并进而建立以传统与惯例组成的元批评体系。在第五讲中我们已经知道,当卡勒受邀在剑桥大学与艾柯展开论辩的时候,他对文学批评也表达了类似的见解和主张。

应该说,相对于美国读者反应批评关注读者的阅读反应以及文本意义在阅读中生成这一研究的主流而言,卡勒的研究发生了方向的偏转,然而卡勒仍然以变换问题的方式执著地参与了意义的讨论。这种问题的变换早在菲什那里就已经开始了:正确的反应要求反应者具有一定的知识能力,反应者的能力与阐释的有效性密切相关。而卡勒接着指出,反应者的知识和能力,来自于阅读的传统和惯例体系。

可以认为,菲什与卡勒代表了意义讨论的最前沿。他们同心协力,逐渐消解了文本在意义生成中的重要地位,实行了意义所在的迁移。他们将意义首先确定在读者的自我意识中,随后又将之安放在构成自我的解释策略中。

三、在哲学与历史的坐标轴上

至此,我们可以发现,美国读者反应批评总的特点是讲求实证的经验研究,在理论建树方面特别注重实践的操作性。理论家们术有专攻,各显神通,但也相对忽略了对总体诗学的探讨。

在上述的理论家中,只有霍兰对总体诗学的探讨具有一定的自觉意识。当他得出解释再现本体的结论,当他描述批评的移情分享的时候,他清楚地意识到,自己在某种意义上已经结束了自笛卡尔以降统治思想界的二元论:即认为客观世界的现实及其意义独立存在于认识的自我之外。同时进一步表明了一个与二元论针锋相对的观点:经验,是一种自我与非我的汇集与混合的过程;当他重申精神分析的原理:“任何解释世界的方式——就连物理学在内——都是迎合人的需要”的时候,他明白自己已经进入了解释科学的第三个时代。在前两个时代中,解释分别要回答 Why(为什么)和 How(如何)这两个问题,而在第三个时代,解释已经致力于解决 to whom(对谁)的问题了。

在霍兰之外,戴维·布莱奇(David Bleich)和简·汤普金斯在读者反应批评的理论家中也属于两个例外。他们分别从认识论和历史发展的角度,对读者反应批评(一定程度也扩展到整个接受美学)作了扫描和考证,用哲学与历史两根轴组成的坐标系,确立了读者反应批评的诗学构架。

布莱奇将读者反应批评的发展过程,描述成主观批评(subjective criticism)的幼芽在研究实践中直觉萌发,但又习惯地自觉接受和屈从于客观性偏见的压抑,然而终于冲破压抑,获得自己的个性、赢得确立地位这样一个尴尬而又艰难曲折的历程。布莱奇之所以拥有这样一种宏观反思的洞察力,因为他本人是一个坚定的主观认识论者,已经完全超越了客观认识论加在他身上的局限。

他首先从主观认识论的立场出发,对反应和阐释作了重新的界定。他认为,反应是断然的感知活动,它把感觉经验变为意识。当感觉活动事先不受任何动机制约的时候,反应将是带评价性的象征活动,它是阐释的唯一基础。阐释就是在一定动机支配下,对反应这一象征活动进行重复象征。举个例子,面对一座高山,一下子就感觉到非常高大巍峨,这一高大巍峨的反应就是一种没有受到任何动机制约前的评价性象征活动。在此基础上,我们可能因为历史教育的需要,把这座高大巍峨的山,比如说泰山,当作五千年文明巍然耸立的标志,这就是阐释。阐释是在一定的动机支配下,对反应这一象征活动进行重复象征。

反应与阐释属于主观认识论体系的两种活动。布莱奇意欲理直气壮地宣布的是:根据阐释形成的主观的认识,与客观的、根据数学方法形成的认识,具有同等的权威性。文学批评和阐释应当抛弃"对客观性的共同的职业性的错觉",采取"自我介入的观察原则"。也就是说,批评活动应当充分考虑批评家的目的、动机和情感的意识等主观因素。布莱奇指出,实践已经证明并将继续证明,主观认识论模式将最有效地融入读者反应的研究。

从主观认识论这一制高点出发,布莱奇对读者反应批评在实践和理论两方面的代表人物的活动和理论都作了重温。

以斯夸尔和威尔逊为代表的统计分类实践方法,得出了反应是主观性的结论,这可以被认为是主观认识论在实践中的直觉萌芽。但斯夸尔旋即在这样一个事实面前止步了:记录下来的反应所体现出来的复杂关系和个别的变化,往往令人无法进行简单的概括;威尔逊虽然提出了正确解释的界限到底是否存在、文学是否是"标准化的结构"这一类疑问,但也仅此而已。客观性认识论时时警戒着他们,使他们几乎不假思索地认定:他们已经走到了力所能及的尽头。

在他们之后,这种实践方法一直被沿用到很晚。尽管分类体系越来越完善,记录的资料越来越丰富,但都只是数量上的堆积而已。因为无论分类体系多么细致和详备,它总是只能追随在个别反应之后,并且永远无法穷尽每个反应者的独特问题。

布莱奇指出,斯夸尔和威尔逊确实早已走到了客观体系的边缘,并且直觉地注意到了反应的主观特点,但恰恰在行将实现质的飞跃的临界点上,被客观认识论束缚住了手脚,偃旗息鼓了。由于缺乏主观认识论的武装,他们也就无法合理有效地运用他们已经获得的几乎应有尽有的资料。这就是习惯地自觉接受和屈从于客观性偏见的压抑的表现。

当然,实践分析派也是有一定功绩的。他们钻到了客观认识论的沉重铁门下,将之肩起了一条缝:他们重视读者的积极作用,强调意义与文本和读者两者相关。但终因浅尝辄止而功亏一篑,成了客观认识论破产的第一个见证。

在理论方面,罗森布拉特又一次充当了主观模式的预兆昭示者。罗森布拉特的"文学沟通"理论承认作者对文本的最初创造,但却将注意力集中到读者对文本含义的再综合上。并且强调,读者的综合活动是一种介入性的沟通行为,而且介入的读者各具特色。因而,不联系这些各具特色的读者,文本就无法得到描述。

布莱奇认为,罗森布拉特可以说触及到了主观批评的基础,但马上又显出了徘徊不安的痕迹,不时地表露出要重视文本的意向,似乎认为文本对读者具有能动作用。但实际情况却很少如此。主观模式认为,能动的动势只存在于具有主观意识的读者身上。读者在接触最初的文本时,感知经验都是相同的,只有到了文本的象征与再象征层次,才显示出个人差异。

所以,布莱奇评价说,罗森布拉特有改变模式的表现,但也不能对她的功绩估价太高,因为她的大胆突进只表现在实用主义的操作范围,在认识上离真正的主观模式尚很遥远。

霍兰同样也表现了对客观性的留恋。他与罗森布拉特一样,也重视文学批评的交流活动,对文本组织内容的种种限制因素不能释怀。而布莱奇的主观模式认为,这些限制因素的认识作用是微不足道的,因为它们可以被主观行为改变。

霍兰本来是想调和主观与客观之争的,他恰好也在精神分析中找到了似乎可以印证他的调和论的例子,即两岁的孩子在游戏的时候,无法明确区分自己和玩具。而布莱奇反驳说:"凡是健全、清醒的人都能明确区分'物与人',或者区分哪些东西是想象出来的,哪些不是。"因而也实在"无需划定一个特殊的空间来置放'读者与文本的结合'。如果说是有文本的象征和阐释的再象征这一类东西,那么它们是存在于读者的头脑中"①。在霍兰的超脱策略中,布莱奇只看到了双重的挤迫和煎熬。

---

① 戴维·布莱奇:《反应研究中的认识论假想》,见《读者反应批评》,北京:文化艺术出版社 1989 年版,第 237 页。

在众多的读者反应批评家里边，只有菲什彻底地完成了从客观论到主观论的转变。菲什是从新批评所提倡的正规研究方法——一丝不苟地仔细研读文学作品——开始的，但他马上碰到了这样一个事实：他每读到一首诗中的每一个词或者每一组词时，他对整首诗的整体感觉就变了。这一发现似乎给了他很大的触动：即便文本的客观性确实存在，那也是不堪一击转瞬即逝的，这种客观性不值得留恋，也没有价值。而且，菲什马上又发现，文本的客观性完全是一个错觉，它纯然是由它的物质性存在的喧宾夺主而造成的。如果硬要标榜客观性才算正宗、正统的话，那么真正的客观性也不在于文本。读者构成意义的阅读活动，意义像一个事件那样发生，才是实实在在的客观事实。文本的客观性与之相比，只能算一种颠倒的客观性。

在这一系列的认识之上，菲什的转变是非常坚决的。他这样宣称："我宁愿要一种公认的、有控制的主观性，而不要那种最终将成为错觉的客观性。"①明确地宣告了从客观认识论到主观认识论的转变。

最终，菲什确立了这样一条阐释的主观原则：观察者是被观察对象的一部分，而被观察的对象则要由观察者加以阐明。针对这一主观原则，菲什又设定了阐释的判断标准：阐释者群体(interpretive communities)的相互磋商。也就是说，何谓文学或意义，是一项集体决定，只要有一群读者或信仰者遵守这个决定，这个决定就具有效力。这一群体围绕着共同关心的问题而形成，随缘聚合。

菲什几乎可以称得上主观批评模式的完成者。他的阐释群体概念与科学真理形成之前的原初认识相关。正如库恩曾指出的，通常把科学看成是坚如磐石的真理概念的形成，是把科学知识转变为教科书知识的结果。最纯粹，也即最本真的认识形成的来龙去脉总是带有群体性的。

布莱奇指出：主观批评模式在批评家的最初阅读反应的记录基础上，进行第一次象征活动，并将批评家自我表达的原则作为反应的动机。它完善了霍兰的本体主题，弥补了霍兰的本体由于不断复制而自我萎缩的缺陷，而

---

① 戴维·布莱奇：《反应研究中的认识论假想》，见《读者反应批评》，北京：文化艺术出版社1989年版，第241页。

与批评家自我扩大或加强自我意识的自然冲动相适应。

如果说，布莱奇是对读者反应批评的哲学抽象和张大声势的话，那么简·汤普金斯则是在历史的维度上给读者反应定位。

自从接受美学的兴起赋予人们以读者意识以后，人们转而欣喜地发现，早在柏拉图、亚里士多德的古典时期，效果和读者反应就已经受到了相当的重视。有些人因此就似是而非地认定，接受美学并不是20世纪60年代才形成气候的文学理论的新流派，而是古已有之。这种看法貌似给接受美学冠以悠久的历史，实际上无形中抹杀了接受理论扭转价值取向的创新之功，否定它所具有的范式革命的崇高地位。

汤普金斯对之极其不以为然，她通过详细的考察指出，尽管重视效果和读者反应在每一个时代皆有表现，然而各个时代的人们都是在一套共同的术语之下，从事着毫无共同之处的实践。

古典时期的影响和效果基本上仅仅属于修辞学的研究。它要求文学具有这样的效果：令读者陶醉，吸引读者忘情地进入情节中来。这种效果观的根源是当时的语言观。在古典时期，语言被等同于权力。为了让语言与行动一样发挥对社会政治和道德风尚的影响力，人们千方百计地从过去的经典文本中汲取经验，掌握运用语言权力的技巧，加深语言对人产生影响的程度。悲剧之所以在当时被视为文学体裁的最高典范，就因为它所体现的崇高美代表了最高级别的权力。

如果大家读过贺拉斯的《诗艺》，就会发现，这本被我们当作西方文艺理论著作的书基本上属于这里所说的修辞学传统。书里基本上都是培养诗歌“技艺”，也就是加强语言感染力的格言，而这些格言又是从前代流传下来的经典中总结出来的。

文艺复兴时期的读者反应研究又是另一番景象。由于当时的文学一般都受贵族的资助，文学不得不承揽了为赞助人服务的一系列项目：歌功颂德、点缀节日庆典，等等。所以接受者亦即赞助人的反应成了文学的中心问题，它直接决定着文学和作家命运的泰否与荣衰。那个时候可能也用接受反应这个词，但专指赞助人的反应，甚至说是脸色，跟我们现在所说的反应相差甚远。

通过对各个时期读者反应研究的历史考察，汤普金斯试图表明，接受美学由于拥有读者反应批评与以往所有的同名研究都大异其趣，它直接和意义与阐释的问题相关。接受美学的读者反应的新向度，开拓了文学研究的新空间，实现了研究重心的创造性转移。汤普金斯的宗谱学研究，澄清了许多附会在接受美学之上的无端之说，给人们正确评价接受美学的历史地位设定了参照标准。

第七讲　中国近现代文学与读者的交流模式

这一讲与前面的六讲有一点不同，或许可以看作是将接受美学的理论，试图运用于文学史写作的一个小小的尝试。

或许大家已经发现，尽管自上世纪80年代以来就有重写文学史的理论倡导和实践，文学史研究因而重新发现了许多以往由于各种原因而被遮蔽的盲点，但总的说来，文学史的重构仍然主要以艾布拉姆斯(M. H. Abrams)四元素图式当中的作品、作者和世界三维为考察的标准。

是不是因为人们对文学作品的读者和接受维度缺乏应有的热情呢？事实也许恰恰相反，最初大家可能都已经表现出了一点迫不及待，但遗憾的是很快就遇到了困难。大家感觉到，从读者接受的角度来处理文学史，很可能会由于具体阅读接受事实的浩如烟海，以及随后的湮没无考而难以为继。

这就不得不引发我们进一步思考：能不能改变一下思路，抛弃纯粹接受资料的堆积，改用某种基于文学与读者交流模式的理论概括之上的考察方式，在接受美学与阐释学的视野中展示中国近现代文学的历史景观呢？

一、三界革命："以所受之熏还以熏人"

中国近现代文学读者的产生是与近现代文学与古典文学的断裂同步的。而这一断裂又与近代中国社会出现的空前变局直接相连。戊戌变法遭到扼杀以后，一部分睁眼看世界的中国先进知识分子，从创办洋务和维新运动先后失败的经验中，痛切地感受到开启民智的迫切需要。"诗界革命""文界革命"以及随后的"小说界革命"就是在这种情形下酝酿产生的。这场直接服务于现实政治变革和大众思想启蒙的功利目的的文学改革运动，由梁启超在赴夏威夷的船上发端，由于恰好处在20世纪前夕，因而成为20

世纪中国文学的象征性起点。梁启超的文学思想典型地代表了 20 世纪初的文学观念,其中自然包括全新的读者观念。

或许,梁启超的三界革命之所以以诗界革命为先锋,就是因为在他的潜意识里,诗歌仍然占据着文学的正宗地位,这是他的传统文学修养决定的。但在他的意识层面,他却已经感觉到传统诗歌急需变革,因为恰恰是他的传统修养使他深刻了解到,传统士大夫原来对于诗歌,主要是以风雅相标榜,只求在士子阶层里彼此唱和,得一、二知音赏识即可,圈子外的读者根本无法进入他们的视野。这种趣味的贵族取向以及作者到读者的自我封闭,显然无法适应开启民智的需要。因此,不管梁启超在倡导诗界革命的初期,有没有为诗歌开拓新的读者群体的自觉意识,但思想启蒙的明确意图,却内在必然地决定了他对读者维度的自然关注。

> 诗之境界,被千余年来鹦鹉名士占尽矣。虽有佳章佳句,一读之,似在某集中曾相见者,是最可恨也。①

诚然,这无疑是指斥传统诗歌题材与内容的陈陈相因,但同样显而易见的是,梁启超是从读者阅读的角度,痛恨了无新意的诗歌对读者阅读兴味的败坏。举个最常见的例子,似乎从《诗经》开始,每当送别的场景诗人就喜欢写"折柳"。最初"杨柳依依"的诗句当然是非常清新的,但当它经过几千年固化为一个套语以后,就只能令读者感到索然了。读者对作品所展示视野的过度熟知,意味着诗歌发展的停滞与僵化。

传统诗歌园地的地力将尽,要想营造新境界,更新读者的阅读感受,就必须发现诗歌的新大陆。从文学史看,宋明诗坛曾经以印度意境、语句入诗,令读者耳目为之一新。然而,当时的新境界到梁启超的时代又已经变成为旧境界了。

梁启超以简约的文字,直觉地叙述出文学史中读者视野更迭嬗变的过程。目的就是为了证明再次构造诗歌新境的必要。而这一次的新大陆却是欧西意境,即为改良现实政治所急需的西方政治思想和文化精神。这是梁

---

① 梁启超:《夏威夷游记》,见《饮冰室合集·专集第五册》,上海:中华书局 1941 年版,第 189 页。

启超对“诗界革命”的思考。

在几天后的同一篇《夏威夷游记》中，梁启超在设想中国“文界革命”的图景时，又再次提到了欧西意境，只不过这一次是以日本的德富苏峰为范例。梁启超这样表达自己阅读德富氏的著作所获得的启示：

> 其文雄放俊快，善以欧西文思入日本文，实为文界别开一生面者。余甚爱之。中国若有文界革命，当亦不可不起点于是也。①

这一段话为我们提供了比较文学研究的清晰路径。同时参考读者的角度，我们就可以发现一个十分有趣、在中国近现代文学史上具有典型意义的现象。就终极意义而言，梁启超他们提倡文学改革的理论资源源自欧西，但由于在学习西方、向西方求取富民强国之策的路途中，业已存在一个功绩非常显著的先行者——日本。再加以地缘因素，日本成为梁启超及其同志的长期流亡地，耳濡目染，在语言方面沟通无碍，在情感方面认同直如第二故乡。这样，改革的倡导者就更情愿、更容易吸收从日本转口的、似乎已经通过日本现代化实践检验的欧西思想和理论。

在这种理论的旅行和文学的国际贸易中，梁启超们可谓一身数任：他们首先是西方与日本文学的阅读者，然后才是向国内介绍外来文学的输送者，进而成为新式文学的倡导者和创作者。身份的多重性导致了文学与读者关系的多重性，简言之，即外国文学之于作为读者的梁启超，与作为作者的梁启超的作品之于国内读者。

在这两个层次读者的阅读中，由于读者的文学阅读期待为对现代化富强的新国家的政治期待所遮蔽，他们真诚地自动压抑甚至清空自然存在于他们心中的、由传统古典文学模塑出来的期待视野，对外来文学或改良文学虚怀以待。正常接受中所应有的读者期待视野与文本视野相互交流、相互妥协的过程，被在可能的情况下限制在最低限度。

也许，从读者接受的主动低姿态中，我们更容易解释晚清以后翻译事业的空前兴盛与迅速发展，以及梁启超“新文体”风靡一时的魔力。此为“文

① 梁启超：《夏威夷游记》，见《饮冰室合集·专集第五册》，上海：中华书局1941年版，第191页。

界革命”。

梁启超最有开创性和影响力的文学思想,恐怕要数他不遗余力地抬高小说的地位。从理论的角度而言,小说取诗文的主导地位而代之,几乎是世界各国资本主义化过程中,文学领域必然出现的通例。因为,小说所表征的平民化和世俗化趋势,相对于贵族文学的等级制而言,具有无可否认的颠覆和革命力量。因此,小说又称“资产阶级的史诗”。改良派的中坚梁启超对小说这一文体情有独钟的事实,再次显示了意识形态与文学形式存在对应关系这一历史的无意识力量。

当然,在梁启超的意识层面,他之所以推重小说,却是因为他看到了小说对读者拥有其他文体无与伦比的影响力,洞察到小说对他们改良群治的事业产生巨大助益的潜在可能。而这种洞察是基于他对读者“厌庄喜谐”这一“人情大例”的深刻洞察和体认,基于对读者群体知识水平的估计和判断。

在《译印政治小说序》中,他重复了乃师康有为的断言:“天下通人少而愚人多,深于文学之人少,而粗识之无之人多”,但只要识字的人,“有不读经,无有不读小说者”,可以说,小说较诸其他文体具有最广大的读者普及面和影响力的辐射面,因此,小说在中国“可增七略而为八,蔚四部而为五”①。

写于1902年的《论小说与群治之关系》②是梁启超在域外政治小说的直接触发下酝酿而成的“小说界革命”的宣言书,更是同一时期论述文学与读者关系的纲领之作。即便用今天的眼光来衡量,我们也不得不惊异于梁氏理论的概括力与丰富性。除了著名的“欲新一国之民,不可不先新一国之小说”的中心主张,强调小说为改变世道人心、移风易俗的必由路径已尽人皆知以外,梁启超的论述涉及小说与读者的方方面面。

在这一篇文章中,他已经不满于仅仅用“厌庄喜谐”这一心理的共性来解释小说感人至深的力量,他认为小说感染读者的深层原因来自两个方面:

---

① 陈平原、夏晓虹编:《二十世纪中国小说理论资料》(第1卷),北京:北京大学出版社1997年版,第37页。

② 夏晓虹编:《梁启超文选》(下册),北京:中国广播电视出版社1992年版,第3—8页。

其一，小说经常“导人游于他境界，而变换其常触常受之空气”。从接受美学的角度来看，即小说能拓展读者的视野，满足读者超越日常凡俗经验的愿望。其二，小说能将一般读者习焉不察的日常生活处境纤毫毕肖地描摹出来，使读者既产生于心戚戚的认同感，复惊叹于作者完美表达的精湛技巧。能将此二者“极其妙而神其技者”，诸文体中，小说为最上乘。

具体而言，小说作用读者的方式有四，即熏、浸、刺、提。前两者形象地展现了小说对读者的陶冶之功，读者浸染于小说的意境之中，年深日久，潜移默化。“刺”着重于表明文本对读者的强烈冲击引起读者情感的激烈变化，变化强度与文本作用力的大小和读者受体的敏感程度相关。“提”实际上论述的是读者与小说主人公认同的审美现象。读者在阅读想象中与作品主人公合二为一，从而与处身现实的读者主体发生分化，其分化越深，表明读者受感动的程度越深，接受作品的影响亦越大。

一般人皆知梁启超夸大小说作用不遗余力，但往往容易忽略他对小说的批判同样不遗余力。因为小说与社会风习、国民性格相表里，故中国社会积贫积弱、弊端丛生，罪推旧小说，而中国国民性的重塑、现代民族国家的缔造，当寄望新小说。罪之、贬之，抑或功之、褒之，犹如一币之两面。

认识到读者的审美感受具有双重性，对梁启超而言殊为不易，但这一理论的负面影响亦遍及中国近现代文学的全部，其偏颇实种因于该理论对文学社会功利作用的片面强调，和对文学审美本质的忽视。自此文既出，后之的种种有关小说的论说，基本上都只是对梁的观点的花样翻新而已。

正因为时时刻刻以对读者进行启蒙的普及为思考的轴心，梁启超在文学形式方面的追求自然以传情达意、通俗平易为鹄的，于是就有诗乐合一和“歌体诗”的主张，以及“时杂以俚语、韵语及外国语法”的“新文体”的实践。核心意图就是要冲破中国文学由于言文分离给普通读者设立的接受障碍，努力以言文合一达到文学与读者交流的畅通无阻。

梁启超论述文学之感人常喜用一个形象的熏炉之喻。人脑亦类似于熏炉，只不过是一个高级熏炉，其区别就在于人脑“能以所受之熏还以熏人，且自熏其前此所受者而扩大之，而继演于无穷。虽其人已死，而薪尽火传，犹蜕其一部分以遗其子孙，且集合焉以成为未来之群众心理”①。以此来比喻五四前一代中国近现代文学的创作者一边向西方学习，一边对国内读者进行启蒙，即学即用，且影响连锁扩散的情形，亦未为不妥。

在梁启超等人的宣传鼓吹下，诗、文、小说以及当时被包括在小说名下的戏剧，都比照着西方的标准，迅速地进行了传统模式向现代的创造性转型，形成了创作的全新格局。尤其是在这一变革过程当中取得“最上乘”地位的小说，更是呈现出翻译与创作的全面繁荣。

尽管这一近现代文学史的拓荒期，主要功绩在于筚路蓝缕、开辟榛莽的奠基工作，用今天的标准来衡量，也没有留下什么传世之作，但在当时，文学作品从主题题材到写作方式的全面更新，却对读者的审美感受形成了强烈的冲击。那些固守自己原有的期待视野、不愿做任何调整与更新的守旧之士，面对新的诗歌散文和小说，惊为“野狐”，但终究由于其与新的审美感受之间的距离不断拉大而遭到历史的淘汰。而对于大多数对时代审美潮流采取顺应态度的读者，新文学向他的期待视野提出的挑战越大，他所获得的审美享受就越大，新文学越是展现出鼓动群伦、震惊四海的魅力。“一纸风行，海内视听为之一耸。”②从对新文学的具体实践持保留意见的严复对梁启超的“新文体”的评论中，我们约略可以窥见当时文学与读者交流顺畅之一斑。

新文学的产生培养了新文学的读者。在这些迥异于传统接受者的读者群中，一些年龄更轻的读者将在即将爆发的五四文学革命中扮演主角。他们是周氏兄弟、陈独秀、胡适、郭沫若等文学革命的健将。当时，他们有些已经开始文化建设和文学创作的尝试，像鲁迅和周作人，就是当时译者群体的重要成员，尽管他们当时翻译和印制的《域外小说集》只售出一二十套，在商业和读者影响两个方面都可以说遭到了失败；陈独秀和胡适也偶尔向报刊投稿进行文笔的操练。但他们无一例外都是梁启超的“新文体”、严复介绍的进化论、林译小说，以及各类新小说的热心读者。正像有论者指出，前

---

① 梁启超：《告小说家》，见陈平原、夏晓虹编：《二十世纪中国小说理论资料》（第1卷），北京：北京大学出版社1997年版，第510—511页。

② 《严复集》，北京：中华书局1986年版，第648页。

五四文学的一项重要功绩，就是培养了五四新文学的创作者和接受者。[1]梁启超的薰炉之喻可谓形象传神："以所受之熏还以熏人，且自熏其前此所受者而扩大之，而继演于无穷。"

当然，理论的设想与具体的实践总不免存在着差距。当梁启超提倡"新小说"之时，他心目中的理想无疑是有益新民的政治小说，但现实却是重在娱乐的市民小说的喧宾夺主与空前繁荣，梁对之痛心疾首。他在1915年的《告小说家》中说："今日小说之势力，视十年来增加蓰什百"，但"其什九则诲盗与诲淫而已，或则尖酸刻薄毫无取义之游戏文也"[2]。

我本科在学《今日英语》的时候，对一句谚语印象很深，意思是说：如果你种下的是洋葱，就不要指望丁香开花(If you plant onions, don't expect lilac to bloom.)。其实就相当于我们所说的"种瓜得瓜，种豆得豆"，因为对西方人来说，洋葱就像我们的瓜和豆一样家常。现在为了更新视野、引进新意境，我还是准备采用洋葱和丁香的比喻，而且还倒过来用。

在梁启超看来，他们栽下的是丁香，收获的却是洋葱。这是历史的诡计。究其原因有二：第一，中国小说的主要接受者市民阶级不完全等同于西欧的市民阶级。第二，新小说接受的时代风尚急速转变。当最初的政治热情很快消退以后，读者原先主动抑制住的、对旧小说消闲娱乐功能的期待，就获得复萌的机会。

当然，小说挣脱人为的预设，按照自己的轨迹发展，并不意味着梁的倡议完全告吹。事实上，即使是哀情小说如《玉梨魂》者，其对旧式婚姻制度的控诉，也为五四新文学的读者接受主张婚姻自主的小说，提供了情感准备。

二、文学启蒙：审美向习俗的流溢

今天我们重新对比1917年发端的文学革命与世纪初的三界革命，自然会发现，在提倡白话和输入西方新思想方面，两者存在着无可否认的精神血

---

① 黄修己主编：《20世纪中国文学史》(上卷)，广州：中山大学出版社1998年版，第5页。

② 陈平原、夏晓虹编：《二十世纪中国小说理论资料》(第1卷)，北京：北京大学出版社1997年版，第511页。

缘。但当五四文学革命的闯将走上历史舞台的时候,除了承认少数几部实写社会情状的晚清白话小说,如《二十年目睹之怪现状》、《官场现形记》等以外,其余文学遗产皆被目为封建谬种,归入应被扫除之列。这其中除了五四一代强烈的弑父意识外,还由于晚清文学的不中不西、不伦不类的过渡形态,也确实容易遮蔽自身蕴涵的革新因素。尤其是新小说堕入鸳蝴一路、文明新戏蜕变为庸俗闹剧之后,晚清文学在后继者眼里也确实乏善可陈,需要另起炉灶,另外新创一种具备更完整的现代形态的新文学了。

五四新文学的两大理论名文,胡适的《文学改良刍议》与陈独秀的《文学革命论》,就是以这种面对废墟的姿态,部分重复着前人的文学主张,破梁启超之所破。仔细分析著名的胡适"八事"与陈独秀的"三大主义",有几点可谓英雄所见略同,可以彼此补充而阐幽发微。

首先,他们两人均认为,陈腐的古典文学与迂阔的国民性相表里,因此,就服务于政治改革的角度而言,文学革命的发生势所必然。胡适认为,传统文学中无论老少强作悲音的无病呻吟,造成整个民族暮气沉沉,使作者"促其寿年",读者"短其志气"。陈独秀则说,古典文学内容"不越帝王权贵、神仙鬼怪,以及个人之穷通利达",与"阿谀、夸张、虚伪、迂阔之国民性,互为因果",因此,"欲革新政治,势不得不革新盘踞于运用此政治者精神界之文学"。

其次,古典文学体式僵化,导致了阅读感受的麻木。胡适深恶古典文学专以模仿古人为能事、满纸滥调套语,因而大声疾呼"人人以其耳目所亲见亲闻、所亲身阅历之事物,一一自己铸词以形容描写之",竭力捕捉、赋形时代新鲜的审美感受。胡适所用的"铸造"的"铸"字,直觉地就与接受美学所说的"赋形"或者"造型"功能相通。陈独秀则强调文学要"赤裸裸的抒情写世"。

此外,两人都从读者的角度着眼,认识到文学语言平易畅达的必要。陈独秀断言,艰深晦涩的古典文学"于其群之大多数无所裨益也",胡适罗列不用典的原因之一,就是"僻典使人不解",文学的抒情达意"若必求人人能读五车之书，然后能通其文，则此种文可不作矣"[1]。

当然，五四一代重新清理地基的行为本身，就意味着他们准备对前辈的业绩进行扬弃与超越。在梁启超他们开一代风气的基础上，五四一代对西方文化和文学的了解，在深入和准确两方面均达到了前辈无法企及的高度。他们当中的许多人甚至是欧风美雨的直接沐浴者。因此，他们对创建现代新文学无论在思想内容还是体裁形式方面，都有了更清晰的设计和理想。

相对于梁启超一代的普遍不谙外语，以及对文学实际功用由于道听途说和以讹传讹而造成的无限夸大，新一代的文学革命者在保持大众启蒙维度的前提下，侧重于文学本体特点，校准了文学改造国民性的思想革命的目标。同样是认识到中国文学"不完备，不够作我们的模范"，五四一代在引进西方思想和文学样式的过程中，却没有了前辈那样的不加选择和生吞活剥，提出了"只译名家著作，不译第二流以下的著作"[2]，取法乎上。换言之，五四一代仍然是以西方为自己的参照系，但在"别求新声于异邦"的接受过程中，全新的接受视野已经使他们拥有足够开阔的胸襟和气度采取"拿来主义"。

鲁迅的"拿来主义"典型地体现了五四文学革命的阐释学立场，也就是伽达默尔说的：真正的历史意识总是同时注视自己的现实。现实的"第一要义"是"存国保种"，这就为文学革命的先驱阅读、选取外国文学，与外国文学作品进行对话提供了明确的标准。具体而言，外国文学的译介，旨在帮助读者认识现实人生，因而当务之急不是文学史式的系统介绍以供研究之需，而是移译贴近读者现实人生、因而"不得不读"的近代作品。其中，俄国与东北欧弱小民族的文学，由于与我们的反抗和呼叫同调而犹应得到格外的重视。

茅盾也说过："介绍西洋文学的目的，一半是欲介绍他们的文学艺术

---

① 张宝明、王宗江主编：《回眸〈新青年〉》（语言文学卷），郑州：河南文艺出版社 1997 年版，第 262—267 页。

② 胡适：《建设的文学革命论》，见张宝明、王宗江主编：《回眸〈新青年〉》（语言文学卷），郑州：河南文艺出版社 1997 年版，第 318 页。

来,一半也不过是欲介绍世界的现代思想——而且这应该是更注意些的目的。”①着眼于前一半的目的,文学革命的倡导者将西方历时数百年发展产生的文学流派共时地引进过来,广泛借鉴,为我所用。立足于后一半,他们秉承梁启超的“淬厉所固有,采补所本无”的精神,引进“科学”“民主”的观念,在用人道主义“辟人荒”的基础上,大力宣传平民精神,提倡个性主义。

形式和内容兼备现代特征的新文学,由于“表现的深切与格式的特别”②(这是鲁迅的概括),激动了一代青年读者的心。从而也发挥了影响读者、模塑国民性的现实效能,起到了为新文化运动引导先路的作用。

“读者的文学经验成为他生活实践的期待视野的组成部分,预先形成他对于世界的理解,并从而对他的社会行为有所影响。”③这就是接受美学所说的文学对社会的造型功能或曰“审美向习俗的流溢”,它通过作品“形式和内容的和谐”,分别从审美和伦理两个方面作用于读者和社会。

在审美方面,文学“通过为首先出现在文学形式中的新经验内容预先赋予形式而使对于事物的新感受成为可能”,“预见尚未实现的可能性,为新的欲望、要求和目标拓宽有限的社会行为空间,从而开辟通向未来经验的道路”;在伦理方面,文学可以通过对读者期待视野中关于生活实践及其道德问题的期待做出新的回答,从而强迫人们认识新事物,更新原有的道德伦理观念,“把人从一种生活实践造成的顺应、偏见和困境中解放出来”。④

从这样的理论概括来反观现代文学,我们就会发现,现代文学的开山之作《狂人日记》就是通过狂人那一固执的发问“从来如此便对吗?”对读者期待视野中关于封建伦理道德的期待发出强烈的质疑,从而用现代人道主义的伦理观取代了吃人的封建道德。对现代文学的读者而言,反抗封建的包办婚姻、追求恋爱自由的新经验,是在一批像鲁迅的《伤逝》这样的作品中

---

① 《茅盾文艺杂论集·新文学研究者的责任与努力》,转引自吴中杰:《中国现代文艺思潮史》,上海:复旦大学出版社1996年版,第67—68页。

② 鲁迅:《中国新文学大系·小说二集·导言》,转引自吴中杰:《中国现代文艺思潮史》,上海:复旦大学出版社1996年版,第22页。

③ 〔德〕汉斯·罗伯特·姚斯:《文学史作为向文论的挑战》,见胡经之、张首映主编:《西方二十世纪文论选》(第3卷),北京:中国社会科学出版社1989年版,第177页。

④ 同上书,第179页。

首先赋形的；强调个性独立不羁、自我空前膨胀的新感受，是在创造社作家的诗歌和小说中较早获得表现的。

现代文学的第一个十年中，问题小说直接从易卜生的问题剧获得灵感，与读者共同探讨解决问题的未来可能性，从而开辟走向未来之路；自叙传小说借鉴日本的“私小说”，大胆袒露作者的“病态心理”，对传统道德的矫饰习惯进行挑战，同时又为其后的“莎菲”们自剖女性心理拓宽了狭窄的社会心理空间；乡土小说则通过对农村几千年积存下来的落后风俗的展示，让读者清醒地看到习焉不察下的骇人听闻。这可以说是文学的解放和造型功能在现代文学第一个十年的体现。

文学启蒙的传统在现代文学第二个十年，被一部分自由主义作家不合时宜地继承下来，在40年代的国统区也得到了很好的延续。在自由主义作家和国统区进步作家的那些全方位、全景式地反映现实生活的作品中，各地域、各个社会阶层的发展道路和未来走向都得到了全面的探讨。

综观整个现代文学的30年，易卜生的娜拉出走典型地体现了“审美向习俗的流溢”。当接受了新思潮洗礼的现代女青年渴望冲出封建家庭、追求个性和妇女的双重解放的时候，娜拉出走的文学经验就转变成了新女性们生活实践的期待视野的一部分，成为她们选择、设计自己道路的第一参照。卢隐的海边故人、丽石，丁玲的莎菲，都是现实的娜拉们在女性作家笔下的投影。这一投影甚至延续到《青春之歌》中林道静的出场。

正是出于对这种“流溢”的负面影响的警惕，鲁迅先是在讲演中探讨娜拉出走以后的可能，继而在小说中演示出走的续集。娜拉流溢到男作家手中，就演变成了或颓唐或昂扬的曾文清（曹禺《北京人》）和高觉慧（巴金《家》）。

三、革命和现代主义文学：联想式认同和读者的创造

从20年代末开始，紧接着文学革命，现代文学史上又出现了革命文学运动。就文学功用的现实指向而言，革命文学与前两次的文学革命一脉相承，但显而易见大大加强了文学的直接功利目的。邓中夏这样主张：“儆醒人们使他们有革命的自觉，和鼓吹人们使他们有革命的勇气，却不能不首先

激动他们的感情。激动他们的感情,或仗演说,或仗论文,然而文学却是最有效用的工具。"[①]革命文学的鼓吹者大多不是文学家,而是革命者和理论家,现实社会的激荡使他们不满足于文学精神启蒙的长远功效,转而追求文学修辞作用的立竿见影。

对于这种工具论文学观对文学本质理解的倒退和偏差,历来文学史家多有检讨。有意味的是,这种带有明显偏差的文学观在现代文学史上却屡屡由于现实的合理性而延续不断。从无产阶级文学运动到"九一八"事变以后的救亡文学、国防文学和抗日文学,再到解放区文学,蔚为传统。

从文学与读者的关系考察,这种文学的现实合理性也许就表现在读者与这些作品联想式认同的交流模式上。殷夫的代表作《一九二九年五月一日》就典型地代表了这种联想式认同的交流模式。"我突入人群,高呼/'我们……我们……我们'/呵,响应,响应,/满街上是我们的呼声!""我已不是我,我的心合着大群燃烧!"那种个人融入集体的狂喜,并不仅仅限于作者一己之感受,而是作者召唤读者共同参与到庆典般的仪式中,成为阶级和民族解放庆典中的一个角色,彼此心心相印。

联想式认同的交流模式最利于文学在那些民族伟大和苦难的时刻,发挥出团结人们和衷共济的作用。在这些时刻,作者和读者都不会或无暇苛求文学自身的纯粹性。正与联想式认同交流的原始范本远古集体歌舞的歌、诗、舞、乐混融合一相似,革命文学在形式上也体现出诗、歌、话剧等多种文学样式相互渗透的特点,如提倡"民族化",创作歌谣化的"大众合唱诗"和街头剧等,目的皆为增进文学与接受者交流的效果。

诞生于1942年的毛泽东的《在延安文艺座谈会上的讲话》,是对这一文学传统创作实践的理论总结,同时又直接指导、规定了其后的解放区文学创作。它也是专门论述文学与读者关系的一篇重要文献。因为它论述的核心问题就是文学"为群众"和"如何为群众的问题",即文学与读者的问题。当然,它的不可动摇的前提是工具论和服务论的,文学是"团结自己、战胜敌人必不可少的一支军队",是"整个革命机器的一个组成部分"。

《讲话》关于文学与读者的关系论述至关重要的有两点,其间表现为读

① 中夏:《贡献于新诗人之前》,载1923年12月22日《中国青年》第10期。

者与作者的关系：一是普及与提高。文学作品要用最广大的人民大众“自己所需要、所便于接受的东西”向他们普及文学艺术，“从工农兵群众的基础上”，“沿着工农兵自己前进的方向去提高”。二是要求具体从事这项工作的作家，对自己的思想感情与立场进行艰难的调整与转变。之所以要求文化程度高的作家一方，趋近文化程度相对低得多的读者一方，大概因为只有从立场感情一直到语言习惯都彻底全面地“大众化”①，才能完全保证作家经由作品与读者的交流，有效地获得化成一片的联想式认同效果，从而也从根本上确保文学艺术这一“整个革命机器中的‘齿轮与螺丝钉’”恰如其分地平稳运转。

当然，具体的创作总是比理论主张更为丰富和复杂。在赵树理那些从语言到思想情感都与农民同化的、堪称“打成一片”典范的作品中，仍然可见五四思想启蒙的余绪，是五四问题小说的农村版。

现代文学也是西方各种文学思潮和文学体制的大输入和大实验，现代文学的创造者，根据自己的兴趣与爱好，在外国文学中汲取与自己性之相近的养分，同声相应，同气相求。现代主义思潮和技巧也在中国这片土地上找到了知音。在鲁迅的作品中，读者可见较明显的象征主义、印象主义与尼采哲学等影响，弗洛伊德的学说为郭沫若、郁达夫这样的创造社作家所赏识。

20年代初，在法国学习雕塑、直接接受巴黎象征主义艺术氛围熏陶的李金发，以中国第一个象征主义的诗人姿态出现在诗坛上，同时带动了穆木天、冯乃超和王独清等人的诗歌创作。

30年代，施蛰存和他主编的《现代》杂志，团结了当时中国各路所谓“现代派”作家，他们是：成功地将象征主义诗艺中国化的诗人戴望舒，借鉴日本的“新感觉派”写作手法、反映上海都市市民生活的“新感觉派”小说作家穆时英和刘纳欧，京派作家中深受现代主义影响的“汉园三诗人”卞之琳、何其芳、李广田，还有诗人梁宗岱。

在抗战时期西南联大的特殊环境中，又活跃着一批切磋现代主义诗艺的师生，其中著名的前辈诗人冯至、卞之琳和后来的“九叶诗人”的艺术影

---

① 毛泽东：《在延安文艺座谈会上的讲话》，见吕德申主编：《马克思主义文论选》(下册)，北京：高等教育出版社1992年版，第370—385页。

响一直延续到新时期文学。至于现代主义因素渗入艾青、钱钟书、张爱玲等人的创作,更是数不胜数。

现代主义文学实践在现实主义占主流的中国现代文学史上,给读者带来了面目一新的审美享受,忧郁颓废的现代情绪、精神分析的变态心理,象征主义意象表达的客观性与间接性,意义阐释的多义与复杂,“新感觉派”小说的“蒙太奇”和通感手法的运用,无不向中国读者追求明晰连贯的阅读习惯提出严峻的挑战,强迫读者充分调动审美的自主性与创造性,参与作品意义的阐释和生成。将读者包括在创造一词的题中应有之义中,这是现代美学的显著特征,也是对现代主义艺术实践的直接总结。

遗憾的是,由于现代中国血火交迸,实在无法长期给现代主义艺术提供宁静的田园和适宜的土壤,现代主义这一奇葩仅仅昙花一现。但是现代主义文学的种子一直深埋在地下,等待着另一个现代主义艺术繁荣期的来临。从这一角度,应该说,“文革”后期“朦胧诗”的迅速崛起,和新时期文学现代派实验的一呼百应,都只是文学史的另一轮循环,在新的高起点的重新开始而已。

后 记

“接受美学的理论递嬗”是我在北大中文系开设的一门本科生选修课。去年我在美国访学的时候，遇到一位现在哈佛东亚语言文明系攻读博士学位的学生，他当时东亚系的两年硕士刚刚毕业，本科毕业出国前曾选修过这门课。这位学生对我说，这几乎是他在校期间，中文系唯一的一门针对本科生的西方文艺理论方面的专题选修课。这一点我以前从未留意。

我第一次读“接受美学”，是因为做本科毕业论文。那时，我已经被推荐为中文系文艺学专业的研究生，所以经与即将成为我硕士导师的李思孝教授商量，选择伊泽尔作为我的论文题目。那时，接受美学刚刚被介绍进来不久，伊泽尔接受研究的代表著作《审美过程研究——阅读活动：审美响应理论》也才翻译出版。现在回想起来，那是我第一次真正理论思维的开化训练。我记得当时另一位推荐上古代文学专业研究生的同学，早早儿地就已经将毕业论文漂漂亮亮地交稿了，而我却还没有将伊泽尔的书啃完，她选择的题目好像是李清照诗词中的“楼”“台”意象。她在易安女士古典诗意的楼台上栏杆倚遍、看尽了雁字和月满月缺之后，目睹我被一位现代德国文学理论家折磨得痛苦不堪、一副毫无进展的样子，这位后来成为芝加哥大学教授的同学十分不解地问了我一个问题：“难道你每天读50页书都不能够吗？”我也诚实地答以简单的四个字：“真的不能。”好在最后我痛苦研读的结果获得了老师的肯定，并且经一位同系学长的推荐，以《再度解释——伊泽尔及其启示》为题，在我故乡浙江省一家学院的学报上发表了。这也是我平生第一篇变成铅字的学术论文。

大约是1996年的时候，我硕士毕业留校任教不久，自感非常清闲，于是第一次申报科研项目。没想到，我以接受美学理论研究为题的项目申请居然一举中标，获得了国家社会科学研究基金的立项资助，项目的名称就是现在的书名。教研室的老师都很为我高兴，王岳川教授还邀约我以此加入他当时正准备主编的一套20世纪西方文论研究的大型丛书的写作。那时的国家社科基金项目的资助额度是自己估算申请的，我看到当时一位朋友的一个项目获批8,000元，于是斗胆填报了12,000元。尽管这个数目与现在的资助额度不可同日而语，但对当时工资只有不多的三位数的年轻教员来说，无论对生活和研究，这笔经费都是一种值得感激的补贴和激励。

然而，正当我准备开展课题研究的时候，我却突然同时面临了人生中的几件大事：首先，当然是准备迎接儿子的到来。同时，系里也批准了我报考在职博士的申请，这是我留校未几就要求的。在孩子、考博、课题以及连带的写书之间，我非常明白不可能完全兼顾，必须有所取舍。最终，我选择了辜负我的第一个国家项目和老师的提携好意。

照说，我本来也可以继续以接受美学为博士论文的题目的，但我从温儒敏教授那里听说了王瑶先生的一条祖训：博士论文的选题，是应该能够奠定将来一段时期研究的格局的。我从心底里认同这一训导，但我的博士论文最后之所以在文艺理论和中国现当代文学史的交叉地带选题，除了研究格局拓展的考虑之外，另一个重要的原因也是因为，我当时已经越来越感觉到，接受美学对文学研究的意义，更多的可能表现在方法论和思维方式的启发和滋养上。以我自己已经出版的那本论著《在文艺与意识形态之间——胡风研究》为例，我清楚地意识到，解释学和接受美学的原则和精神，几乎贯穿和渗透在我研究写作的方方面面，包括论题的选择、研究角度的切入，以及众多具体问题和细节的分析和处理。从这一点来说，那个最终没能圆满完成的国家项目也并不算颗粒无收。

其实，围绕着接受美学这个题目，我也陆续发表过一些文章。只不过好几次面对选课学生比较热切的期待，我只能报以歉意的微笑，因为他们向我表示，我对接受美学的理解与处理与别的研究者不太一样，有否这方面的著作出版可供他们参阅？直到2011年冬的那个微雪天，我在中文系的信箱里拿到了北京大学出版社魏冬峰博士“未名·名家专题论讲”的选题设想暨稿约。直觉告诉我，这套丛书仿佛是为像我这样的一些教师量身定制的。其实这也并不奇怪，冬峰本人就是北大博士，她当然深知什么样的论著方式与大学校园的教研体系最为切近。

整理书稿的过程对我来说几乎也是一种全新的体验。论文部分相对比较简单，尽管其中难免浅薄稚拙的痕迹，但基本保持原样亦不失为成长的一份记录。讲稿部分就稍显不易。说得不谦虚一点，真正落实为文字的讲稿可能不如课堂的实时讲授那么活泼和新鲜。即如最近一次的讲授（2013—2014 学年秋季学期），我在解释姚斯所论文学对社会的造型功能的时候，举的例子就不是现在讲稿中的琼瑶小说，而是不久前热播的电视连续剧《甄嬛传》。因为正在我准备那次课的时候，电脑屏幕的右下方自动跳出一个标题："北大招办主任批评《甄嬛传》教坏人心。"

我没有认真看过《甄嬛传》，但我比较认同转发的文章中对一个细节的评论：甄嬛陷害皇后成功的关键，是一个 6 岁女孩哭着作的伪证。作者认为，像这样公然教孩子说假话、说谎还受到鼓励的情节，原本不应该在电视上出现，原因非常简单，因为看电视的孩子会效仿。更令人忧虑的是，类似容易对人造成精神腐蚀的现象，负有教育之责的文化艺术从业者可能还没有普遍自觉的清醒意识。受欢迎的电视剧和世风人心之间的关联，确实是文学塑形功能的恰切例子。但等到整理成稿的时候，我不禁踌躇起来：近距离的热辣话题在写进书里之前，是否还需要一定时间的冷却和沉淀？

再比如，讲稿中说到，伊泽尔是在与人际交流的类比中，来论述读者与文本交流的动力机制的，而现代交流理论则认为，人际交流起源于人们之间体验的相互不可见性。我以前都是以《庄子·秋水》中的一段对话来说明"人们之间体验的相互不可见性"。那段对话相信大家都不陌生：庄子与惠子同在濠河边上，庄子感叹说：水里的鲦鱼优游自在，多么快乐啊！惠子说：你又不是鱼，你怎么知道它们很快乐呢？庄子则反问道：你又不是我，你怎么知道我不知道鱼儿非常快乐呢？

从学生的反应来看，这段"比较文学"的参证还是很有说服力的，但等到这次整理，我又认真地看了一下原稿，发现伊泽尔或者现代交流理论是这样解释"人际体验的相互不可见性"的：任何人无法体验他人对自己的体验。尽管我仍然觉得，庄子与惠子的哲学较量和辩难可以很好地说明"任何人无法体验他人的体验"，而且这仍然属于"人际体验的相互不可见性"之一种，但如果要用这段对话证明相互不可见的人际体验中特别的一种，即"他人对自己的体验"，却显然不够严谨。所以我最终决定将它删除。

讲课与写作的最大不同，也许就在于前者拥有与学生面对面交流的语境，所以有些简略的说法不需要多作解释，听课者并不会发生误解。比如我在讲稿中说“琼瑶的小说害人”。其实，这样的评价类似于熟人朋友之间的随性“笑骂”。作为我们那一代及其后一代或几代女生青春读物的一部分，琼瑶小说也有它们特殊的魅力和功用。紧张的考试后、出差或回家的旅途中，琼瑶小说给娱乐方式和设备都远不如今天的人们提供了轻松的美好或者美好的轻松，为此当年我们同班的一位女生还赞叹台湾文坛对多种类别和不同层次文学的鼓励和宽容。

我也曾说初读高行健的《灵山》有那么一丝“寻根”的感觉，但后来重读，发现在许多方面，高行健还是做了不少探索的，尤其是文体方面。断片的写作方式与作品主人公的西部漫游相呼应，有些部分有相对关联的情节，很多部分则更像是漫游日记、风情素描、思考随笔、阅读札记、经验感悟、往事回忆等多种成分的杂糅。作者在将西方现代主义的写作技巧与中国传统的笔记故事和民间艺术和文化冶为一炉的过程中，因为不再那么刻意，在一些地方也正如那位最初被怀疑肺部绝症而最终奇迹般“重生”的主人公一样，似乎获得了某种“吐纳纯化”的效果。或许，重读中印象最深刻的一点，就是这种文体表达与作家或一阶段的生命体验所达成的深度契合。所以我有时忍不住很不专业地设想，这种绝症重生的框架设置或许值得一定程度的“索隐”。如果纯粹出于虚构的文学技巧，这样的框架设置并不是绝无的首创，否则，它很可能有助于最大程度地过滤掉一个作家“身份表演”和“技巧展示”的成分。而且，这份绝境体验与感悟不可复制。

通过琼瑶小说和高行健，我想告诉本书可能的读者的是，像这样简略的、只提示了某一片面的说法应该还有一些，希望不要因为接受方式的改变而产生某种不必要的误解。

因为种种原因，整理书稿的冲刺时间并不算长。但饶是如此，埋首讲稿的起初，甲午新春的年味还未完全散尽，等到书稿基本就绪，抬头不觉已是绿柳笼烟、莺声呖呖。大自然予人的欣喜和美好的感受因为忙碌的充实而更显真切，我想，这种鲜活的感受其实也反映了一项出色的编辑策划和出版所能够带给一个学人的极大激励。衷心地感谢创意策划这套丛书的魏冬峰博士和北京大学出版社综合编辑室主任杨书澜女士！

我还要感谢在我研究接受美学期间给过我重要建议、精心指导、热情鼓励的李思孝教授、王岳川教授和温儒敏教授，他们也是我在北大有幸师从的三位研究生导师；感谢给我的论文提供发表空间的学术书刊及其主编们，因为现在回头看，或许是出于巧合，刊发我接受美学文章的竟然全都是该刊当时的主编和副主编，他们同时也是各自领域研究成就十分卓著的优秀专家和教授；感谢所有选修过这门课的同学们，他们是我灵感和动力的不竭之源！

最后，感谢所有在我人生的关键时刻关心我、支持我，并援我以手的师长、朋友、家人和亲人们！

2014 年初春

北京大学燕北园